ＨＡＮＡと暮らす
愛犬がくれた団塊夫婦のアクティブな毎日

亀山幸子

プロローグ

私、何～にも期待していなかった、犬を飼うことに。

私59歳、夫61歳。いわゆる団塊の世代である。３人の子供たちも、それぞれ、自立のために家を出て行って、すでに久しい。それまでの騒々しくも賑やかだった５人家族。最初に長男が出て行く、つづいて次男。末の娘が大学進学のために、上京したのが10年前。

それでも当時は寂しさよりはむしろ、二十数年ぶりに夫と向き合う二人だけの生活に新鮮ささえ感じていた。

何より、いつも隙間なく食料が詰められていた大型冷蔵庫は中年夫婦の食事をまかなうには、大きすぎるくらいとなり、室内灯に照らし出される庫内の空間がやけに明るくなった。すき焼き鍋も、土鍋もそれまでの、ばかでかく大きかった鍋から、可愛い２～３人用の鍋に買い替えた。毎日、使わない日のなかった揚げ物専用の鍋は出番を失い、代わりに、かつおと昆布でしっかりととっただしで煮物をする行平鍋が主体となった。

ところが、そんな生活に楽しさを見いだしたのもほんの数カ月、いや数週間だったかもしれない。二人暮らしにも慣れてくると、何の刺激も新鮮さもなく、ただ、穏やかすぎるだけの二人暮らしが流れていった。

世間では団塊の世代の定年後の生活がとりざたされるようになっていた。

我が家は、幸いなことに定年のない自営業である。もう10年くらいは今まで通りの生活が続くだろう。きっとこのまま、平穏で退屈なだけの老後が待っていたはずである。

特に老後に取り立てて不安も持たないが、期待も持てない私だった。

ところが、3年前の、まだ、寒い早春のある日、二人の生活にラブラドール・レトリバーの子犬が一匹、登場したのである。

平穏で退屈な日々から、思いもかけない活動的な日々へ。犬を飼うのではなく、犬とともに暮らす日常へと変化したのである。

目次

カバーデザイン　田中雄一郎（QUA DESIGN style）

HANAと暮らす

愛犬がくれた団塊夫婦のアクティブな毎日

チョコラブがやってきた　その1

３月というものの、まだ寒いある日の午後だった。会社の事務所にはまだ、暖房のエアコンが稼動していた。外はどんよりとした曇り空だった。いきなり、ドアをあけて入ってきた夫、

「ええ、子じゃろ」と言う。

留守番の私、「何？　ええ子？？？」

夫の胸のなかには、なにやら、黒い塊がみえる。

「ええ子だったから、連れてきたんじゃ」

腕のなかに小さな子犬を抱いている。

「チョコレート色のラブラドールだから、チョコラブいうんじゃて」

初めて連れてこられたにしては、子犬は啼きもしないで、おとなしく抱かれている。

「ヘエー、チョコラブ？　かわいいじゃん」

私は夫の腕から、子犬をとりあげ抱っこした。なるほど、確かに黒色ではなくブラウン、チョコレート色のまるまるとした子犬である。

「チョコラブって、しゃれた子犬じゃね、あんた」

しばらく抱っこの後、床に離してやると、ちょこちょこ部屋の中を歩きまわる。新しい場所に怯えた風もなく、事務所の机の下といわず、あちこち、まるで探検するかのように。文句なく可愛い。ぬいぐるみが歩いているようである。まるまっこい鼻も大きいが、手足も大きく太い。将来、大きくなりそうな気配濃厚である。ころころとして、生命力あふれ、子犬のくせに、たくましささえ感じられる。

可愛いこと、このうえないのだが、とにかく、じっとしていない。これでは、仕事ができないので、

「はい、もう、そろそろ、あんたのおうちに戻りなさい」と夫に手渡した。

「もう、お店に返してあげて」と言う私に、夫は、

「もう、戻れないよ。買ってきたんだから」

「何？　買ってきたんだって、嘘でしょ。借りてきたんじゃないの」

いつも、これなのだ。夫婦で犬飼おうかって、話はしていた、確かに。会社の近くに新しいペットショップがオープンし、いいお店みたいだ、あそこで買おうって、とこまでは話していた。

我が家は夫が大の犬好き、しかも大型犬がお気に入りなのだ。結婚した当初はシェ

パードを飼った。その後はシベリアンハスキーだった。そのハスキー犬が亡くなって3年。すぐには次の犬を求める気持ちになれなかったのは、私より夫の方だった。3年を経て、やっと新しい犬を飼う気持ちのふんぎりができたようだ。

シェパードも、ハスキーもそれぞれ可愛かった。しかし、攻撃性のある気質は時に物議をかもしたこともあった。「今度は、大きくてもいいから、おとなしい犬がいいわ」と主張する私の意見をとりいれてくれ、ゴールデンレトリバーか、ラブラドールレトリバーにしようってことまではおりあいがついていた。


いい犬が生まれたら、連絡して欲しいとあのペットショップ[※(1)]に頼んでいたようだ。

「生後1カ月半のラブラドールが来てます」と連絡を受けた夫はその足で直行したらしい。白っぽいいわゆるイエローラブを想像していた夫の前に現れたのは茶色の子犬だった。

「これ、今流行のチョコラブです。チョコレート色のラブラドール、チョコラブです。いい子ですよ」とショップの店長に差し出されたのだった。

目の前にいる子犬の可愛さとチョコラブというネーミングが気にいった夫は、その場で決断したらしい。いわゆる一目ぼれだ。

でも、同じ買うなら、二人で、見にいって、二人で気に入ったワンコにしたかった。
「えっ、買ったって、お金はドウシタノ」
「カードでカッタ」

それにしても、私たち夫婦の関係は思えばいつもこうなのである。大事だと思われることは、とりあえずは二人で相談していくのである。ところが、最後はいつも、夫が独りで決断し、後で、知らされるというパターンが多いのだ。私としては金額も気になるし、はしごをはずされたかのような不納得な面もあるが、チョコラブくんのあまりの可愛さに今回は、ぐずぐず言うのはやめることにした。

こうして、チョコラブくんは我が家の一員になったのだ。

※(1)　ペットハウス　ボブテイルシュウ（岡山市大元）

チョコラブがやってきた　その2

そうか、買っちゃったのなら、仕方ない。

「でも、何の用意もできてないよ」と言う私に
「ホームセンターで、犬小屋と、フード買って帰るよ」と言い残し、仕事に出かけた。

チョコラブくんは事務所の中を歩き回り、あろうことか、お部屋の隅にウンチまでしちゃった。とりあえず、作業場にあったダンボールの箱に新聞紙を敷いて入れると、ぴーぴー啼いていたが、しばらくすると眠ってしまった。

夕方、車の助手席にダンボールごと、積み込み、我が家に帰った。

チョコラブくんは初めての我が家も、会社の中と同じ。不安がることもなく動く動く。そして、おしっこをする。うんちをする。ちっとも、じっとしていない。リビングには夫の買ってきた犬小屋ではなく、室内用のサークルが置いてある。サークルに入れると出してくれと言わんばかりに、立ち上がって、サークルをひっかく。

牛乳に幼犬用のフードを入れてやると、瞬く間にたいらげた。

我が家で犬を飼うのは3匹目。1匹目は今から三十数年前、生後6カ月のシェパード、2匹目は二十年前、生後3カ月のシベリアンハスキー、どちらも我が家にやって

きた時は成犬とみまがうような大きさだった。こんなちびちゃんを迎え入れるのは初めての経験だった。

「食事って、一日何度やればいいの？　友達は離乳食の頃は結構、手かかるって言ってたけれど……」

私の質問に、

「エサは一日3度って、お店の人言ってたよ」

「えっ、じゃ、昼は誰がやるの？」

「ま、お前か、俺が交代で帰れば、いいが」

「ふーん、とりあえずは、明日は、じゃあ、お父さんね」

前もっての準備はほとんどなく、出会った瞬間の「こいつだ」、との夫の一目ぼれから、始まった犬との暮らし。当初、2～3週間のつもりの昼ごはんやりが、結局、都合、4カ月ほど続くことになり、夫がほとんど、仕事の合間に帰ってやるという状態になった。

サークルに入れて、電気を消すとおとなしくしている。そろっと、私たち夫婦は2階の寝室に上がっていった。

「夜中、ピーピーと啼くよね」

「初めてだから、仕様がないわ」と言いつつも、夫はすでに寝息をたてている。

夜中、起こされることを覚悟で寝たものの、目が覚めるとすでに朝だった。隣でまだ、休んでいる夫を起こし、

「ねえ、夜中起きた？　私、全然、気がつかんかったけど……」

夫も「うーーむ、俺もぐっすり寝てたわ」

「チョコラブくん、どうしてるんだろう」

二人でそろっと、階段を降りて、リビングに入る。チョコラブくん、私たちを見ると、サークルの中でしっぽをちぎれんばかりに振っている。

「私ね、小学生の頃、子犬をもらってきたんだけど、連れてきた夜、一晩中、くーんくーんって、啼いてたこと、覚えてるんよ。犬って場所変われば、みーんな啼くって思ってた。ちっとも啼かないで、ほーんと、いい子だわ」


それにしても、足も太い、首も太いワンコである。食欲旺盛、よく動き、よく遊び、よくうんちもおしっこもして健康優良犬だ。

「ねえ、いい子だし、可愛いけどさ、この子、目の白目の部分がないみたいだよ、白目がもっと多くあれば、見た目がもっと可愛いのにね」

私は欲張りなんだろう。良いところだけ、見ていればいいものを、つい、あら探し

をして、ないものねだりをしてしまう。持って生まれた性なのだろうが、我ながら嫌な性格がこんな時にもあらわれる。

ウッドテラスがお気に入り

♂だがHANAと命名

我が家で飼う犬は大型犬で、雄、名前はリキ。そう、決めて実践してきたのは、ほかならぬ夫である。

子供たちが生まれて、最初にやってきたシェパードのリキ。30年ほど前のことである。まだ、家計にゆとりのない頃だった。フィラリアの予防薬を惜しんで省略した。それが原因したのであろう、血を吐いて数年後に亡くなった。未だに悔やまれる本当に切なく、悲しい思い出だ。

そして、十数年前、自宅を購入したのをきっかけに、シベリアンハスキーのリキがやってきた。子供たちは中学3年、1年、小学4年になっていた。子供たちの手が離れていくのと並行して、私も夫の仕事を手伝うようになり、共働き状態の毎日だった。学校から、「ただいま」と帰ってくる子供を迎えるのは、母親の私ではなく、ハスキーのリキ。

母親の代わりに子供たちを迎えてくれ、一緒に遊んでくれた。

「お母さん、いないけど、リキがいるから」

子供たちも寂しさを抑えてそう、言ってくれていた。

特に、次男はリキを相手に手荒い遊びをするのが常だった。次男のストレス発散の相手だったが、リキはまるで、犬同士でじゃれあうかのように、次男につきあってくれたものである。

そうして、本来なら、3代目のリキが誕生するはずだった。私としては、犬の名前を決めるのに、一度、他家のように、家族会議がしてみたかった。今度、3匹目を飼う話が出たけれど、家族会議をしようにも、子供たちはもう、家を離れている。せめてと思い、娘にメールをしていたのだ。

「何か、いい名前ない?」

「〈はな〉ってどう? 癒される名前だと思うけど」ってメールが返ってきていたのである。

チョコラブくんがやってきた夜、私は夫に言った。

「また、リキにするの? S子は〈はな〉がいいって言ってきてるけど」

夫、沈黙。すかさず、私は言った。

「この垂れたまーるい耳といい、まーるい顔といい、リキっていう精悍なイメージじゃないわよ。〈はな〉っていうイメージだよ」

夫しばらくの沈黙の後、「そうだなー。リキってイメージじゃないか。なら、〈はな〉でいいよ」。

こうして、チョコラブくんは〈HANA〉と命名されたのである。

後日、会う人ごとに、「えっ、HANAちゃんて、雄だったの」って言われるはめになったが……。

春のやわらかい陽ざし
オオキンケイギクの花の中

お散歩デビュー

こうして、我が家の一員となったＨＡＮＡ。朝、仕事に出かける時はサークルに入れ、帰ると出してやることになった。目がさめていれば、歩き回っている。

食べると出すというパターンで、うんちもおしっこも、日に何回と数えられないくらい。新聞紙を敷いておけば、そこにするから、だんだんと新聞紙の面積を減らせばいいというペット屋さんの言葉を信じて、部屋中、新聞紙を敷き詰めた。なんだか、私は自宅にいる間中、おしっことうんちの世話にあけくれたような気がする。

でも、その内、ペット屋さんの言葉のように、新聞紙の面積が減少し、いつのまにか、サークル内のペットシーツにちゃんとできるようになった。心配するほど、難しいこともなく自然とできるようになった。

そして、起きてる間中、私たちを相手に遊びくれている。しかし、高さ30センチほどのソファーにもよじ登れないし、デッキから庭に降りることもかなわなかった。洗濯物を干しに動けば、ついてくる。とにかく足の周りをじゃれまくっていた。

なかでも、タオルのひっぱりっこが大のお気に入り。私たちを相手にさんざん遊び、疲れるとぱたんと寝てしまう。

留守番もできて、夜もちゃーんとひとりで寝てくれる、私たちにとってはこれ以上、望むことのない犬だった。

体重はぐんぐん増えて、大きくなっていった。ワクチンも済ませたある日、

「そろそろ、お散歩に連れ出そうよ」

細くてかわいいリードをつけて、お散歩デビュー。玄関から連れ出すと、地面をくんくんかぎながら、道路の端から端を興味しんしんで、リードを伸ばして、歩いていく。

突然、「毎度、お馴染みの、古紙回収車です……」とけたたましい拡声器からの音が鳴り響いた。とたんに、私の足元に舞い戻り、震えながら、私のジーンズの裾にかじりついている。抱っこして、なでてやると、やっと安心したかのようで、まるで漫画になりそうな場面である。

散々なお散歩デビューだったが、毎日少しずつ距離を伸ばし、数日後には近所の川原をお散歩できるようになった。

子犬のお散歩は誰からも大歓迎され、お散歩しているワンコに会う度に「何カ月?かわいいね〜」と話しかけられる。そして、こちらも、同じラブラドールと出くわすと、「何歳ですか?」とお歳を聞いて、うちのＨＡＮＡも1年したら、このくらいかな、2年たつとこんな感じになるのかなと、他人様をモデルにＨＡＮＡの成長を想像する

のである。

ラブって、盲導犬になる犬だから、おとなしくて、ものわかりのよい犬ばかりと思い込んでいた。そうして、ＨＡＮＡもいい子である。ところが、ある日、先輩格になるラブラドールを連れている奥さんが言った。

「ラブはおとなしいって。そんなことないですよ。うちの子も、おとなしかったんですよ。でも、ある日、突然、豹変したの。ふすまは破るわ、大暴れして大変よ。うちのふすま、もう骨が見えて、ぼろぼろよ」

「えっ……」

私は次の言葉がでてこなかった。「何が原因でそうなったんですか」って、聞きたい言葉が言い出せない雰囲気である。

そうか、そんなこともあるかもしれないんだ。

その内に、リビングのソファーにもよじ登り、自分で降りられるようにもなってきた。ベランダから、お庭に降りることも覚え始めた。

キッチンとリビングが一体の我が家。だんだんと危険度が増してくる。

昔、子供の小さかったころ、間仕切りをしたことを思い出した。ホームセンターに行くと、なつかしい間仕切り（ベビーフェンス）があった。キッチンとの境に、そして、お庭にも自由に降りられないようにベビーフェンスを都合３個買ってきて取り付けた。

ベビーフェンスがあるのでキッチンには行けないヨ

尾てい骨骨折の原因はHANA

毎日、毎日HANAは大きくなり、力も強くなっていった。

首輪もリードもどんどん新しく、太くて力強そうなものに替わっていった。

そして、散歩の時には自分の行きたい方向にどんどん引っ張っていった。

「このままだと、腰をやられちゃうよ」

購入したペット屋さんに相談に行くと、

「連れていらっしゃい、しつけをしてあげますから」

店長は、いとも簡単に言ってくれた。

ある日曜日、HANAは久しぶりの里帰り。店長以下、みんなに「HANAちゃん、大きくなったね～」と声をかけられると、しっぽをぶんぶんと振り、愛嬌を振りまいている。店長は今までつけていた革の首輪を金属性の鎖状の首輪につけかえた。そして、おもむろに、低く重みのある口調で「座れ」。HANAはちゃーんと座った。そして、「よし、ついて」と言葉をかければ、お利口に店長のかたわらによりそうごとくついて、いっしょに歩いている。前へ出そうになると、リードをキュッと引っ張る。「ついて」と言えば、ちゃーんといっしょにくっついて歩いている。えっ、あのひっぱりまくりのHANAはどこいったんだろう。

「はい、お父さん、やってみて」

夫はリードを渡されて、おもむろに「座れ」。あら、夫の言葉にちゃんと座った。そして「ついて」と言いながら、歩いていく。ところが、店長のようにはうまく言うことを聞いてくれない。

「はい、前へ出たら、首輪を引っ張る」

やることはだいたい、わかってきたが、なかなか、思うようにはうまくならない。


毎日、毎日、朝夕の散歩が夫の楽しい日課となっていった。ところが、案の定、腰のアクシデント発生である。元来、軽い腰痛持ちであったのだが、HANAの力がそれを上回る日がとうとうきてしまったのだ。「腰が、腰がどうも……」と言ってるうちに、その瞬間は訪れた。

川原へ降りた後に、石の階段をあがっている途中、後一段というところで、HANAがひっぱったようで、夫はどすんと尻餅をついてしまった。

尻餅をついた夫はみっともないと思ったのだろう、すぐに起きあがった。たまたま、日曜日で、一緒に散歩していた私は、すぐに起き上がったものだから、事の重大さに気がつかず「何だか、漫画のようだよ」と笑い転げてしまった。

「それにしても、よく石段から、転げ落ちなかったね。大事故にならなくて、よかったよ」

そうそうに、散歩を切り上げて帰ったものの、夫の様子がおかしい。さっそく、翌日、病院に行くとお医者様曰く「尾てい骨骨折です。犬の散歩でですか、それはお気の毒に。まあ、自然に治すことしかできませんから」。

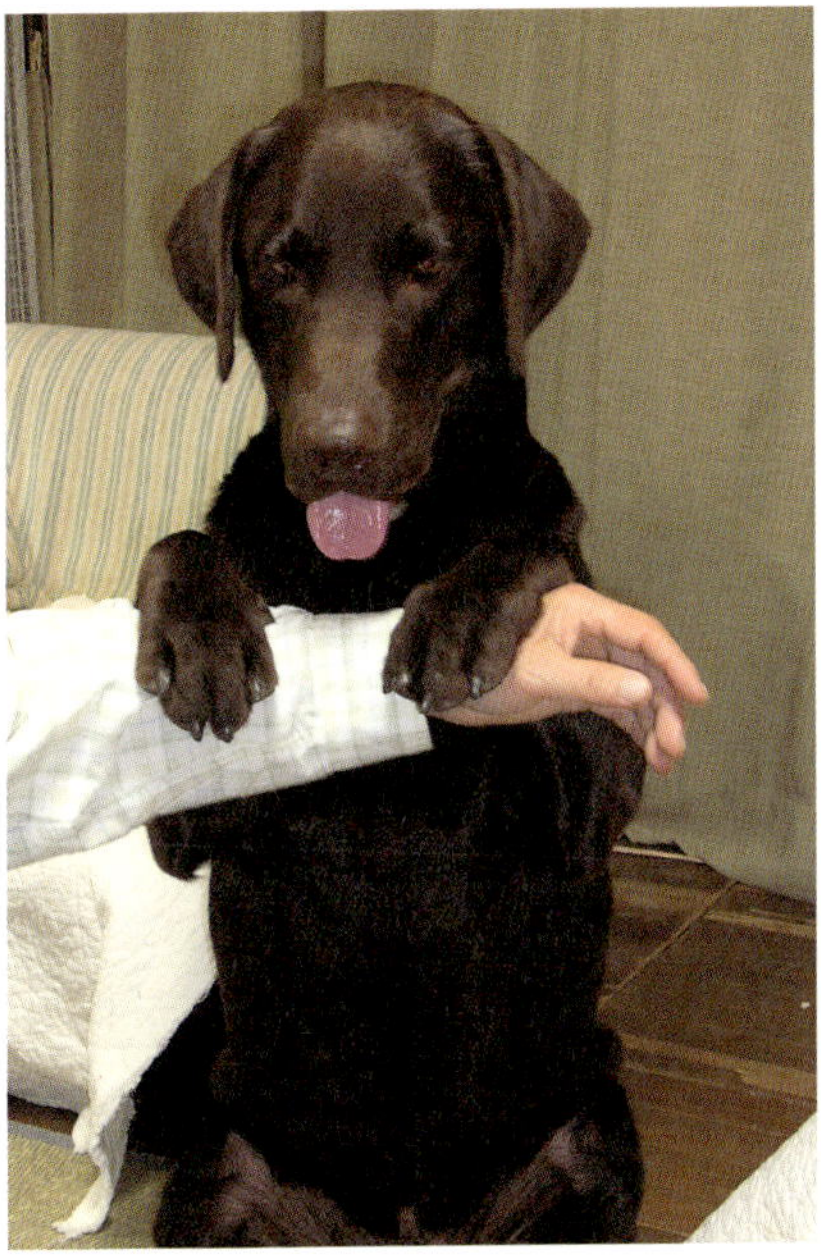

僕のせいなの？
お父さんごめんなさい

それから、しばらくは毎日の散歩は私の役目となっていった。ペット屋さんの店長の言うように、引っ張りはじめれば、金属性の鎖をひっぱり上げて散歩は続けられた。

「いくら、首が太くて、強いといっても、こんなに首締め上げていいのかな？」

「ついて」と叫んでも、言うこときかずに、ひっぱるものだから、かすかな罪悪感をにじませながらも強い力で引っ張り上げる。川原へつくまではＨＡＮＡと、格闘しているような毎日だった。

ある日、少し散歩のできるようになった夫は、私とＨＡＮＡの散歩にくっついてきた。

「おいおい、それじゃ、ＨＡＮＡ、首締め上げられてるんじゃないか」

「やっぱり……」

飼い主の傍につく指示を出すために、ちょんちょんとリードでひっぱって、わからせるのが本来のやり方らしいが、ＨＡＮＡのひっぱる力に負けまいとする私は、力まかせに締め上げていたのだ。

それでも、「座れ」と言えば、ちゃんとすわり、食事の時に、「待て」と言えば、待てる子にはなっていった。

戦利品はスキップで

ソファーへの昇り降りがなんなくできるようになるにつれて、HANAのいたずらは日増しに増えていった。

起きていれば、歩き回り、落ちているものをくわえてきては私たちにひっぱらせる。特にタオルには目がないようで、タオルのひっぱりっこはあきることなくやっていた。それでも、まだ、私たちの方が力が強いものだから、HANAにすればひっぱられる。そうすると、瞬時の内に、タオルを噛み換える。ちびのくせに、本気でかかってくる。噛み換え、噛み換え、そのうちに、体勢は重心を前にかけ、「うーっ、うーっ」とちびなりに、うなり声をあげる。太くて短い前足を踏ん張る、踏ん張る。それがかわいくもあり、おもしろくもあり。私たちも暇さえあれば、この遊びにつきあっていた。

タオルのひっぱりっこが大好きなように、布、それも木綿がお気に入りである。お気に入りベストスリーをあげるとすると、タオル、ソックス、スリッパ……。スリッパは新しいものをおろすと、人が履いていても必ず力任せに剥ぎ取っていく。ソファーに持っていき、かかとをかじっていくのである。どんなに怒ろうとも、これだけはやめなかった。仕方なしに、日曜日には百円ショップへでかけては、何足も買ってくるはめになった。

成長するにつれて、興味の対象もどんどん変わっていき、次には、ゴミ箱からなにかをくわえてもちだすようになった。最初の内はゴミ箱にふたをつけて、難を逃れたが、鼻先でひょいとふたを持ち上げる術を知ってからは、もう、どんなゴミ箱も朝飯前だった。リビングから、すべてのゴミ箱撤収。ゴミを捨てるには私達人間の方が隣の部屋へいくことにした。

次なる標的は洗面所に置いてあるランドリーボックスだった。ふたのないボックスはHANAにとってみれば、靴下や、タオルの入った宝の箱だったのだろう。誰もみていない隙を狙って、靴下をくわえ込む。HANAにしてみれば、勝利の瞬間だ。宝物をくわえ、頭をあげて、得意満面だ。コツコツ、トントン、コツコツ……フローリングに足音が響く。スキップしているような、実に軽快な足音が響く。HANAを見ていなくても、あの足音を聞けば、

「HANA、なんか持ってったでしょう」と飛んでいかなければならない。

ソファーに持っていき、戦利品をくわえたまま、いたずらっぽい目をくるくるさせて、伏せしている。

「HANA、返して」

手をだせば、ぷいと横を向く。二、三度左右にかわす。そして、「ここまでおいで」というように、逃げていく。仕方なしに、「HANA、乾パンあげよう」とHANAの大好物、乾パンと引き換えに、戦利品をもぎ取る羽目になる。こうして、HANAと私の戦争は当分の間、続いていった。通販で、引き出し式のランドリーボックスを見つけて、新しいものと入れ替えるまで。

新聞、雑誌もお気に入りである。それまで、テーブルの上に何気なしに置いていた郵便物ももう置けなくなった。雑然としていたテーブルの上も、室内もきれいに片付けられるようになった。久しぶりに帰省した娘は、

「まあ、きれいに片付いて。HANAのおかげだわね」

まるで、小姑のようなセリフをはくが、実際そうなのである。

読みかけの雑誌や新聞を身の回りに置いておきたいO型の私と、きれい好きで「きちんと片付けろ」というA型の夫。「この方が落ち着くのよ」と言う私。何度言い返されてたことだろう。三十余年意地をはってきた結果、HANAの出現でいとも簡単に私が降りる結果となった。

占領されたリビング

サークルもはじめの内こそ、ホームセンターであわてて買った標準のサイズのものだったが、３カ月が過ぎ、半年がすぎていくうちに狭くなり、もう1台を買い、連結させて使うようになった。私たちが部屋にいる時はリビングを我が物顔で歩き回り、サークルには決して入ろうとしなかった。広いサークルは夜間と留守番のとき入るだけだ。

子供たちが出て行き、夫婦二人だけのリビングはそれなりに、ひろびろと使っていたのだったが、サークルの占める割合も大きくなり、反対に、私たちがきゅうくつな思いをするまでになった。この様子がどれほど、続くのか、今まで、室内で飼った経験がないので、試行錯誤の毎日だった。

1代目リキは屋外の庭で、放し飼い。夜間寝るときだけテラスに置いた犬小屋に入った。部屋に上がることはまずなかった。例外的に、雷が怖くて雷鳴がすると、部屋に飛び込んでくることはたまにあったけれど。

２代目リキも庭で放し飼い。ところが、この犬は好んで部屋に上がりたがった。夜、私たち家族が団欒している時に、のっそり入ってくる。

みんなが食事しているときにはおこぼれにあずかろうと、食卓椅子の周りにお行儀よく座っているか、テーブルの下にのそっと、這いつくばっていたものだった。特に、家族がテレビを見ている時には「僕がいるの忘れないでよ」というように、わざとテレビの前に大きな体を横たわらせたものだった。

当時、こんな巨体が室内に横たわるのには、多少のとまどいがあったものの、そのうち、なんとなく慣れてきて、最後のものが寝室にいくまではリビングにいさせるようになっていた。しかし、夜は外の犬小屋で寝かせていた。

ＨＡＮＡも初めから、ずっと室内で飼うつもりでもなかった。

「サークルを夜の間だけ、外に出して、外で寝かせようか」

夫も、私も時々、口にするようになった。

「でも、かわいそうだよなあ」

「こんなに、私たちにぴったり寄り添ってるのに……不憫じゃなあ」

ふたりとも、思いは同じだった。

レトリバーの人間大好きのパワーの前に、自分たちでも思いもかけないほど、気持

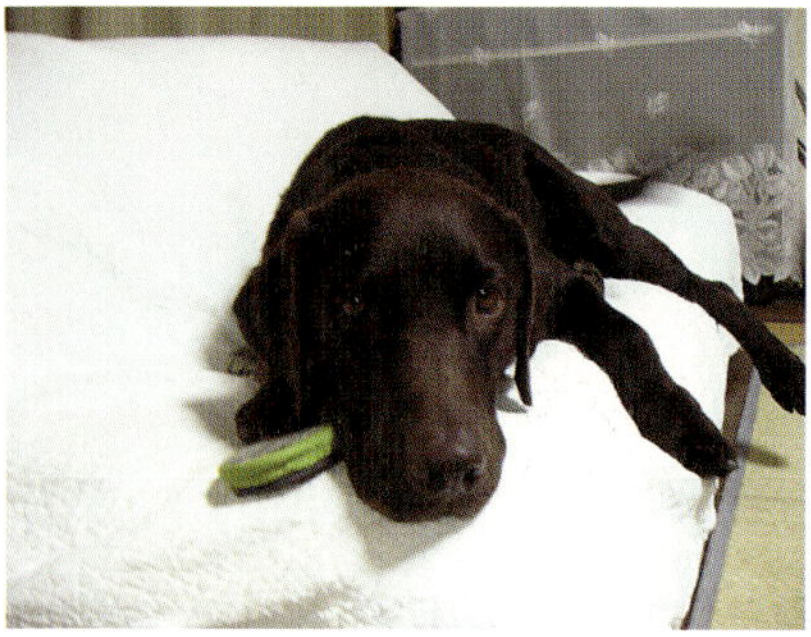

ぶんどったスリッパを
あごの下に

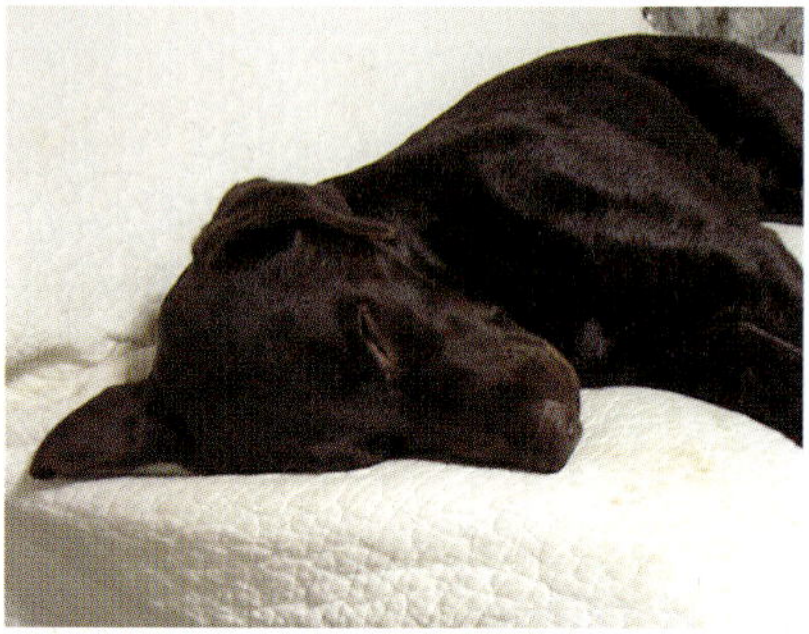

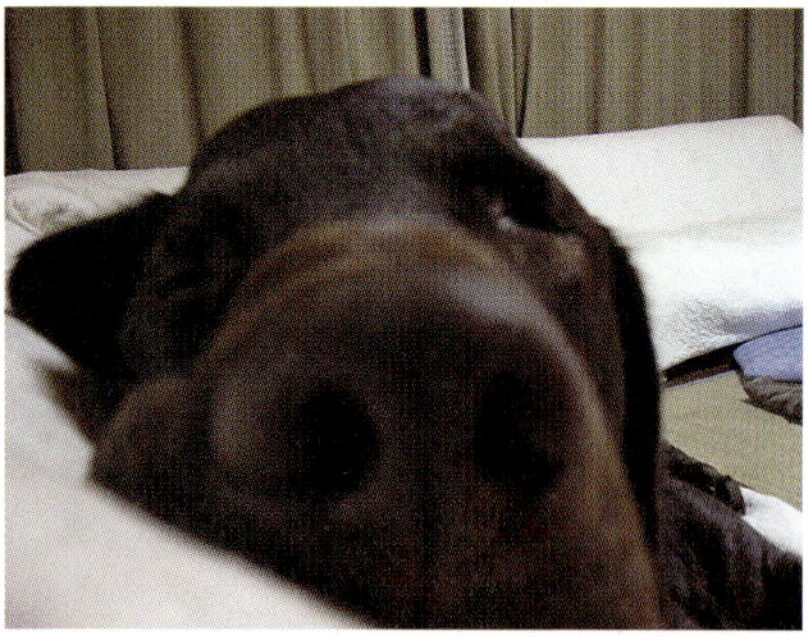

ちが変わっていった。

　しかし、かわいい盛りの頃で、なすがままにさせていったのが今から思えば多少の後悔を覚えることになったのだ。

　そのうち、ソファーによじ登り、ジャンプすることを覚えていった。そして、ソファーがHANAに占領されるのに、時間はかからなかった。

「ねぇ、ワンコでも座り心地、寝心地の違いがわかるん？」

「そりゃ、わかるじゃろ。クッションはいいわ、触り心地もいいじゃろ、な、HANA、板の上より気持ちいいわなー」

　もう、なにより、HANAびいきのご意見である。夫はもともと、ソファーに座らず、ソファーを背もたれに、床にあぐらをかいてお酒を楽しむ習慣のものだから、HANAがソファーを占領してもあまり、気にならないようである。

　そして、秋も深まっていく頃、ソファーであまりに気持ちよく寝ているものだから、「一度、サークルに入れずに、寝てみようか」ということになった。すでに、庭にも自由にでていくようになっていたし、自然に庭に、うんち、おしっこをするようになっていた。庭へのガラス戸をほんの少し開けて、私たちは2階にあがった。

　翌朝、おそるおそる起きてリビングに入っていった。階段を下りる足音を聞きつけたのだろう、ドアのそばに黒い物体がいるのが、スリガラス越しに見える。

ドアを開けて「ＨＡＮＡ、お早う」って言うと、ＨＡＮＡはしっぽをちぎれんばかりにふって、嬉しさを全身に表してジャンプしてくる。そして、しばらくのスキンシップのあと、お部屋の様子をこわごわ見る。

「なーんにも、変わってないよ」お利口に寝ていた様子だ。そんな日が続き、とうとう1年もたたないうちに、サークルは撤去された。

ＨＡＮＡは今では、３つのソファーを占領して、庭とリビングルームを自由に出入りし、本当にきままな生活を楽しんでいる。ちなみに、３人掛け用の1台はＨＡＮＡのベッドとなり、２人掛け用はお部屋でボール遊びをするときのジャンプ台となり、コーナー用のソファーはあごを乗せてＨＡＮＡのうたたね用となっていった。

今から、思えば３つのソファーの内、ひとつだけをＨＡＮＡ専用にするよう訓練すべきだったかなと、思わぬこともないのであるが……。

ボールは神様からの贈り物

ある日の散歩の時、いつものように河原を歩いていた。たまたま、草むらの中に野球ボールほどの大きさのボールが転がっていた。少年たちがボール遊びをして草むらに入ってわからなくなったボールだろう。夫はなんの気なしに手にしてぽーんと投げてみた。HANAはしっぽを振り振り、喜んで駆けていく。ところが軟球のボールだろう、当時のHANAにとってみれば、口よりはるかに大きくうまくくわえられない。何回も挑戦するが、うまくいかない、すると、まるで、地団駄ふむように、興奮して、ひっくり返りながらボールにじゃれている。そして、とうとう、最後になんとか、自分の口よりはるかに大きなボールをくわえて夫のもとに持ってきたのだった。それがHANAとボールの初めての出会いだった。

あまりにボールに興奮するNAHAのために、軟らかいボールを雑貨屋さんで買ってきた。HANAはボールを見ると、うれしくて仕方のない気持ちを全身で表す。目は輝き、ボールにじゃれてくる。しっぽはくるくるくるくるまわりっぱなしだ。ボールが草むらの中に入ろうものなら、小さなしっぽだけがぶんぶんと扇風機のように、草のなかで回っていた。ほんとうに、HANAはもちろん、眺める私たちもうれしい気分にさせてくれるようになった。

それから、毎日毎日、朝も夕も散歩の時間の大半はボール投げに当てられるようになった。


日に日に大きくなっていくのに比例して、走るスピードは増し、動きもよりたくましくなっていった。

河原では投げられたボールを猛ダッシュで追いかける。まるで、馬が全速力で走っていくようで、草むらでやわらかい地面なのに、「ドドド……」と地響きが響きわたるかのような音がする。空中でうまくキャッチするか、できない時はがにまたのように腰を落として、減速して転んだボールをくわえる。そして、今度は軽やかなステップで小さな耳を風になびかせながら戻ってくる。そして、夫の足元にぽんと放りだす。つぎはどの方向に投げるか夫の体勢を見ながら構える。それを何回でも繰り返す。

今度はぽーんと垂直に放り上げる。そうすると、鯉の滝登りのごとく、体をくねらせて空中でキャッチする。だんだんとボール遊びもバリエーションが広がっていった。

さて、最後はサッカーだ。夫は自分の足元にボールを置く。HANAは前足を伸ばし、腰を心持ち上げるポーズをとる。そして間をもたせれば、低くした前足と腰高な後ろ足のポーズのままに体を前後左右に小刻みに振るわせ、身構える。そうだ、この

軽やかなステップ

間の取り方を見ていると、ずいぶん昔の体育の時間を思い出した。運動音痴の私がバレーボールの練習をしていたときのことだ。

手を組んでボールが来るのを待っていたとき、先生によく言われたものだ。

「手を出して突っ立ってるだけじゃ、だめだよ。腰は中腰、ボールがどこからきても取りにいけるよう、体は動かしておかなきゃ……」

そんなこと言われたような気がする。まさにあれだ、HANAは誰が教えるでもなく、次の予測される動きに瞬時に対応できる体勢をいつもとっている。ほんと、見上げたものだ。

毎日の朝夕の散歩は河原でのボール遊びがメインになっていった。河原の土手の上を散歩する人たちもギャラリーとなって、拍手してくださったりするようになった。そうすると、夫とHANAのコンビはますます意気揚々とボール遊びを続けるのである。時には小さな子供たちが「僕にも投げさせて」「私もしたい」とリクエストすることもある。そんな子供たちの要求にもHANAはちゃんと応える。ところが、同じワンコ同士となると別である。散歩中のワンコがきて、ちょっかいをだす。転んだボールをくわえて持っていってしまうこともある。そうすると、こんなに大事なボールなのに「取らないで」という抗議もしないで、しっぽたらして夫の足の間ににじり寄り、ボールの行方を目で追うばかり。反対に他のワンコが持っていたボールが目の前にきても知らんぷりなのである。

ボール投げがＨＡＮＡの大好きな遊びとなった。ボール命というように、ＨＡＮＡはいくらでもボールを追いかける。思えばこの日、置き忘れられていたボールは、神様がＨＡＮＡにおくってくれた贈り物だったかもしれない。

ボール命のＨＡＮＡ

しつけ教室の門をたたく

その頃、難病を抱えながらレトリバーの競技会に参加している小学生の女の子のことがテレビで報じられていた。レトリバーに指示をだしながら、平均台を走らせたり、わっかの中をくぐらせたり。犬と女の子が一体となって懸命に走る姿に、釘づけになった。

犬が女の子を信頼し、的確に指示を守り、女の子も犬を信頼し、指示を出している。今にも倒れそうなくらい、細い細い女の子。病気と闘っているであろう彼女の生きる力はきっと、この犬から与えられているのだろう。それを見守っている家族の姿にも心打たれた。

私もＨＡＮＡと一緒にあんな信頼関係を結びたい。そして、競技会にも出てみたい。そんな思いが芽生えた。競技会に出られるようになるには、どうしたらいいのだろう……。

そんなある日、首輪を買いにいったお店で「競技会に出られる訓練をしている。ペットスクールがありますよ」という話を聞き、早速電話した。

「犬と一緒に走ったり、輪をくぐらせたりする競技に出たいんです。そんな訓練していただけますか？」

「アジリティという競技です。いいですよ。とりあえず、連れてきてください」

というわけで、あるドッグスクール※(2)をたずねた。おお、あるある、テレビで見た色鮮やかな平均台やポール、輪くぐりなどが置いてある。

ＨＡＮＡは初めての場所だが、好奇心旺盛に、サークルに入れられているワンコに金網越しに近づく。

まもなく、先生が現れた。若い女性である。

「こんにちは、お名前は？」

「ＨＡＮＡで〜す」

先生は「は〜な、は〜な」とにこにこ笑顔、明るく、大きな声で、会えた喜びを全身で表しながら声をかけてくれた。ＨＡＮＡもまた、身体をくねらせながら、先生のそばにすりよって、うれしさを表現している。いい出会いである。

「アジリティの練習の前に、きちんとついて歩くことを練習しましょう。服従訓練といいますが、これができないと競技会には参加できないんですよ」ということになった。こうして、2週間に1度、スクールに通うことになった。

HANAはレッスン場に来ると、とたんに、いい子に変身する。そして、先生に指示されると、優秀なワンコになってしまうのだ。ところが、夫や私が指示を出すと、とたんに、できの悪いワンコになってしまう。先生のおっしゃるには、指示の出し方がHANAに通じていないという。私たちは、何回か通って、指示の出し方を一生懸命練習した。「待て」「座れ」は簡単だった。ところが、「アトへ（後へ）」という指示で飼い主の左側面にぴたっと寄り添うように座らせるところでつまずいた。「アトへ」の指示を出すと、HANAはぺたんとその場に座るだけである。向いてる方向は関係ない。あっち向いてホイの状態である。リードが長ければ、ずいぶん離れたところへ座った。リードで傍らに誘導するところで、不器用な私はつまずいてしまった。

「はい、こうしてリードで誘導しながら、左側にぴたっとね」

これがなかなか難しい。HANAではなく、われわれ指示する人間の問題らしい。夫はなんなくクリア。

次なる難関は「ツイテ（付いて）」の指示で決して飼い主より前に出ないで、ぴたっと傍らに寄り添わせて歩く訓練だ。これが超難関だった。

「毎週、来ていいですか」とたずねると、

「毎週、来られても構いませんが、ここへ来てのレッスンだけがレッスンではないですよ。今週、レッスンしたことを、おうちで毎日、しっかり実践してください。2週間の実践で、できたこと、できないことを、次のとき、しっかり確認して来られた方が確実ですよ。そのためには2週間がいいですよ」と言われた。

早くこの服従訓練を終えてアジリティをやりたかった私だが、この段階で、大きな誤解をしていたことに気が付いた。ひととおりのレッスンを終了すれば、確実に言うことを聞くワンコが出来上がると思っていたのだ。レッスンを受けて、ワンコも飼い主も両方が確実にレッスン内容をマスターしなければならないのだ。飼い主が的確な指示を与える。ワンコが指示を受けて、実践する。そのために、お互いの意思疎通が必要とされることもわかった。

こうして、この教室に何度も通ううちに、われわれはたくさんのことを学んだが、そのひとつは決して怒らずにほめてしつけをすることだ。指示を出してできれば、その都度、ほめてやること、「よーし」という言葉とともに、はじめは手にもったお菓子を与えていたが、そのうちに、「よし」という言葉かけ、さすってやるなどで十分できるようになった。ほめて育てることの実践を身にしみて体験できたことだ。このことをもっと早く知っておけばなあ……私の子育てももっともっと違ったものになったはずだ。

なんとか、レッスン場でできるようになったが、外に出て、興味のあるものがあったり、お散歩に行きたくて仕方ないときは、HANAにとっては、指示より、自分の要求の方が上回った。それでも、以前から比べると格段に言うことのきけるワンコに仕上がっていった。

※(2) ラブドッグスクール(岡山県備前市大内)

待ての指示はできるようになりました

ドッグランで遊び、ドッグカフェで憩う

休日には、車でのおでかけが続くようになった。ちょうど、世の中はペットブームで、新聞やテレビでもペットのこと、何かと取り上げられる機会が増えていた。犬、ペットという文字があれば、のがさず、内容を確認するようになっていた。

「牛窓にドッグランがあるんだって」

牛窓は我が家から車で一時間ほどの「日本のエーゲ海」といわれている観光地である。子供たちが小さい頃は家族全員で近くの海水浴場にいった。夫の得意とする釣りに付き合ったりもした。ペンション村もあり、泊まったこともあった。

「ドッグランって、どんなところだろう」

私たちはしつけ教室の帰りに牛窓まで足を伸ばした。海を見下ろす高台にペット同伴で泊まれるペンション[※3]は建てられていた。ペンションの玄関までの道の右側がドッグランである。丘陵を利用したアップダウンのあるかなり広い敷地がフェンスに囲まれている。ワンコ連れのお客様がすでに何組か遊んでいるようだ。ペンションで利用料１０５０円を払って、中に入る。

二重の入り口になっていて、自由に飲めるワンコ用の水と、排泄物の処理場がきちんと用意されている。なかに入ればノーリードOKである。要するに、犬専用の運動場である。

リードを離してやると、ＨＡＮＡはうろうろと、鼻でそこらじゅうをかぎまわっている。ちびちゃんワンコが近づいて、ＨＡＮＡのお尻をかぎまわる。ＨＡＮＡもちびちゃんをかぎまわる。ワンコ同士のあいさつが始まっている。私たちも飼い主仲間でごあいさつ。

「こんにちは、なんて、お名前ですか」

犬も人間もひとしきり、ご挨拶がすんで、いよいよ、ボール投げである。

「ＨＡＮＡ、行くよ」

ボールを投げてやると、アップダウンの激しい地帯だが、ＨＡＮＡは苦もなく、軽い足取りだ。ＨＡＮＡに投げてやるのだがボールの好きなワンコは、ＨＡＮＡのボールめがけて取りに行く。２匹の大型犬が「どどーっ」と坂を転がりおりていく。ＨＡＮＡは自分のボールでも他のワンコがダッシュで取りにくると、ボールを取る直前でひいてしまう。そして、しかたないなという表情で戻ってくる。

「ＨＡＮＡちゃん、ボールは？」っていうと、また、引き返していく。その頃、ボールをダッシュで取ったワンコはすでにそこにボールを放り出している。それを拾いに行くのである。小さなワンコでもボールの好きなワンコは、このボール取りゲームに参加してくる。ワンコ同士のけんかはほとんどない。

しばらくドッグランで遊んだ後、海沿いに車を走らせてドッグカフェにも寄ってみた。先日の新聞に大型犬もＯＫのドッグカフェ※(4)として紹介されていた。

ガラス越しにたくさんのワンコと人間が見える。突然、ドアがあいて１匹のゴールデンレトリバーがのっそり、現れた。後で聞くところによると、看板犬の老犬ガルボくんで、体調がよい日は、お客さんが来ると、こうして出迎えてくれるらしい。

中へ入ると、いるいる、黒ラブちゃんに、ゴールデンに柴犬もいる。千客万来だ。「こんにちは」って声もかき消されるほど、ワンワンコールで迎えてくれる。ひとしきりするとワンワンコールもおさまった。老犬ガルボくんは大きなテーブルの下にごろんと横になり、いびきをたてて寝始めた。黒ラブちゃんはソファーが僕の定位置とばかりに座り込んでいる。ゴールデンもミックスも落ち着いて伏せしている。ＨＡＮＡも夫の傍らでおとなしく座った。

「こんにちは」

改めてみなさんにご挨拶したくなるアットホームな雰囲気である。

「名前はＨＡＮＡです」

「女の子ですか？」

「いえいえ、男の子です」

「ハナオくんですか、チョコラブですね」

お腹のすいた私たちはママ手作りのホットサンドと美味しい珈琲をいただきながら、お喋りに花が咲く。お店のママさんとも、お客さんともみんなとお話ししている感じである。ワンコ大好きな人たちが、ワンコの話題で盛り上がる。皆一様に笑顔が気持ちいい。

その中で、ゴールデンを連れてきていた私たちと同世代らしきご夫婦とも話が弾む。

「僕らの時代はね、犬って、鎖につないで番犬として飼うのが当たり前の時代よ。エサっていや、ご飯に残り物の味噌汁ぶっかけてな。こんなドッグカフェなんて考えられなかったもんな」

「そうですよね、ドッグフードって昔はなかったですもんね」

昔といっても、ひと昔どころか、ふた昔以上、半世紀前の思い出話になってしまった。きっと、彼らも団塊の世代だろう。

「こうして、犬連れて遊びに行ったり変わったよなー」

同感である。

ガルボママにおやつをもらう
ガルボとＨＡＮＡ

ドッグカフェの入り口

看板犬ガルボくんが
ごあいさつ

このドッグカフェ「防風林」は最近流行のドッグカフェではない。ママさんがガルボくんを小さい頃から、お店に連れてきていたと同時に、お客さんのワンコも連れてきていいということで始めた喫茶店ということだ。年季の入った喫茶店であり、今ではこの地方のドッグカフェの草分け的な存在である。ママの優しい人柄と手作りの美味しいメニューに惹かれて多くのワンコ愛好者が足しげく訪れている。

「ドッグランで遊び、ドッグカフェでお茶してきたよ」という内容のメールを娘に送った。

「とても、楽しそうな日曜日らしいけど、ドッグランっていったい、どんなとこなんだろう？」のメールが返ってきた。

「今度、帰ってきたときに連れていってあげるよ、じゃ、お休み」

遊び疲れて、瞬く間に睡魔におそわれてしまった。

※(3) プチホテル　ラハイナ（岡山県瀬戸内市牛窓町）

※(4) 喫茶「防風林」（岡山県玉野市宇野）

車はＨＡＮＡのマイルーム

暑い夏も終わり、気持ちのよい秋晴れが続くようになった。ＨＡＮＡも生後８カ月になり、もうころころとした幼犬のような体型は卒業して、まだ小柄ながら、一人前の成犬の顔つきと体型になっていった。そして、日曜日には服従訓練に車で出かけるようになった。この頃になると犬の正式な車の乗り方が気になるようになった、皆さんどうやって、乗せているのか。教室にやってくる大型犬の車を覗き込むようになった。

教室の先生いわく、

「車にドッグバリケーンといって、小さな小屋のような檻を入れるのが一番安全です」

訓練にやってくる車はほとんどそれを積み込み、中で、ワンコはおとなしく伏せの体勢をとっている。

大体、多くの車はバリケーンが充分に積めるように、ランドクルーザーのような大型車が多い。私の車は、やや小さめの普通乗用車である。この車に積めるバリケーンがあるのだろうか。私は早速ホームセンターに行き、中型くらいのバリケーンを購入した。後部座席を倒し、何とか入れることはできたが、なにしろ、樹脂製で軽いとはいえ、車にその都度積み下ろしするのは面倒なかぎりであった。

「こんなん、いちいち、積み下ろしできんよ」と、夫はまったく非協力的だった。

「じゃ、運転席の後ろに網をはろうか、運転の邪魔しないように」

など、言いながら試行錯誤を重ねていった。後部座席を倒して、フラットな後部部分をHANAに提供し、夫が運転、私が助手席と決めて通ううちに、HANAはひとつの行動パターンをとるようになった。

車に乗せると、喜んで、助手席に座ったりもするが、「バック」と言えば、後ろに移る。発進すると、初めのうちは、運転席の後ろに座り込み、窓から外を見ている。そして、しばらく走ると伏せの姿勢でおとなしくしている。カーブに差し掛かり、ウインカーのカチカチという音がすると、決まって体を起こし、私たち二人の肩越しに前を見つめるか、座って右側の窓を、じっと見ているのである。

「ねえ、HANAはどこまでわかってるんかな」

「景色はわかってるんよ、目でみて、においをかいで覚えてるんじゃろ」

「HANA、ほら、川のにおいがするじゃろ」

と言って、後部の窓を少しだけ下げてやる。HANAはあいたわずかの隙間から、鼻先を出して、くんくん臭いをかいでいる。おかげで、HANAの乗った後はガラスがべたべたの状態である。

ウインカーの音を聞くと、夫と私の肩の間に顔を突き出してはくるが、運転中は、それ以上は前へこようとはしなかった。

あちこちで出会うワンコ連れの仲間に、さまざまなヒントやアドバイスをもらうことも多かった。ＨＡＮＡを散歩に連れていく時に忘れてならないのが、お出かけバッグである。

ボールとおやつとティッシュペーパーとナイロン袋。ウンチをしても、さっと上手に取れるようになっていた。ところが、ドライブにいった先でウンチとなった。ＨＡＮＡとしてみればお散歩のときのウンチは決まった行動パターンである。私もいつものようにナイロン袋に入れ、二重に入れて座席の下に置いた。ところが、車が走り出すとなんともいえないにおいに包まれた。

「困ったな」

「どっか、捨てれんのか？」

ドッグラン等は排泄物処理の場所が用意されているが、自然を求めて遊ぶとなると自分でもって帰るほか手はない。

そんな時、河原であった先輩のワンコ連れは同じような袋を後部ワイパーにぶらさげた。「おおっ」目からうろことはこのことだ。

以後、私たちも快適なドライブを楽しめるようになった。

今では私の車はＨＡＮＡにとっては「マイルーム」という安心感と存在感になって

いるようである。

今まで、飼っていたワンコはドライブなんてしゃれた経験はなかった。ただ、私の思い出の中にハスキー犬リキとの悲しい体験だけがある。リキは副腎皮質にかかわる大病をした。何人もの先生に診てもらったが、どの先生も首をひねるばかり。リキのおなかは異常に膨れ上がり、水をがぶのみし、時間ばかりがたった。市内の先生は誰もわからず、車で1時間もかかる隣町の若い先生が「副腎皮質機能亢進症という病気です」とおっしゃったときには、病気は進行し、足の先が腐りだしていた。「これはもうどうしようもないので、切断するしかないのです」と言われ、後足首を切断した。そのとき、ガーゼ交換に約1カ月、毎日のように車に乗せて通ったことがある。当時は私の乗用車に乗せることなんて、考えられなかった。

会社の荷物を積むバンに乗せて走ったのだ。だだっぴろい車内でリキは伏せの姿勢でお利口にしていた。会社の終わる時間に車に連れ込み、獣医さんのぎりぎりの時間に飛び込むようなことだった。早く行かないと間に合わないと急ぐ気持ちと、リキがかわいそうで早く治してやりたいという気持ちでいつも、気持ちは高揚していたのだと思う。カーブになると背後のリキに、

「リキ、曲がるよ」と声かけし、赤信号になると、「リキ、止まるよ」と自然に言葉

が出ていた。

あの当時、自分への勇気づけだろうと考えていたが、HANAと暮らしてみて、リキも私の言葉わかってくれていたんだろうなと思う。HANA程、コミュニケーションがとれてなかっただけで……。

車の中から流れゆく風景をみつめています

ボールひとすじ

ペットスクールに何カ月か通ううちに、HANAと私たちは曲がりなりにも、「アトへ（後へ）」「ツイテ（付いて）」ができるようになった。いよいよ、念願のアジリティに挑戦。

まず、ジャンプだ。ジャンプは低いバーから始めた。最初はリードを持って、一緒に走っていく。そのうち、ノーリードでも「ジャンプ」と言えば、ジャンプできるようになった。これは簡単だし、面白い。私は庭に細い角材を立て、建築現場などで使うバーを置いて練習した。ところが、HANAはジャンプできるのに、ジャンプしたがらない。角材の横をするりとすり抜けるか、バーの下をくぐってしまう。

トンネルもそうだった。蛇腹状の太いゴムホースのようなものの中をくぐり抜ける競技だ。直径が70～80ｃｍのなかを10ｍくらい歩いて出て行かなければならない。これが、蛇腹状になって曲げてあるものだから、入り口に立っても出口が見えない。入り口に連れて行き、中へ入れといっても入りたがらない。蛇腹をまっすぐにして、出口が見えるようにすると、すたすたと歩いてくる。一度体験した後は蛇腹を曲げてもなんとか、通り抜けだけはできるようになったが、がんとして、やらなかったのはスロープ状の板の昇り降りだった。角度が45度くらいはある急な傾斜である。正式なレッスンに入る前に、休憩時間に先生の目を盗んでやらせてみた。HANAは傾斜のところで足を踏ん張って、上がろうとしない。そのHANAのそばを一匹の柴犬がすたすたと斜面を上がっていった。気が強くて、よく、人をかむということで、矯正のために長期の訓練にきていたワンコだった。久しぶりに飼い主さんが面会に来て、散歩中だった。スロープを軽々と上がるわが子を見て、飼い主さんは大変喜んでいる。体の小さな柴犬が上を嬉々として歩いているのに、大きな体のラブラドールが下でイヤイヤしている光景はまったくさまにならない。

それでも、何回かレッスンを受けいろんなことが、少しずつできるようになった。ところが、ある日「HANA、全然、楽しそうじゃないなあ」と夫が言った。そういえば、川原でボール遊びしている時のあの目の輝きは見られない。しっぽ振り振り、嬉しさを全身に表してボール遊びするあの躍動感が感じられない。

そして、レッスンに行く車の中で、背中一面にふけが出ていることに気が付いた。

「これって、ストレスかなあ」

「どうも、アジリティ、HANAには合わんと思うよ、それでも、あんた、やる?」

アジリティやりたいと言いだしたのは私。夫の方が成り行きを冷静に見ている。

渋々、夫の意見に従うことにした。それでも、私は懲りずに、

「でも、これだけボール遊びが好きなんだから、じゃ、フリスビーはどう?」

寒い2月のある日、車で1時間程のところでフリスビー大会が開催されることを聞いて出かけた。広いグラウンドにはテントがびっしりと張られ、ディスコミュージックがかけられていた。マイクから流れる司会者ののりのよい声が大会の雰囲気を盛りあげている。ゼッケンナンバーを呼ばれたワンコは投げられたフリスビーを勢いよく追いかけて、空中で上手にキャッチしている。

「これいいじゃない。楽しそうだよ」

早速、帰りにホームセンターでフリスビーを買った。おうちに帰って、レッスン開始。

HANAはボール投げは何にも教えないのに、上手にできた。ところが、フリスビーはなかなか、うまくキャッチできない。ボールより大きいから、簡単そうだけど、取り損ねてばかりである。足と胸でキャッチしようとするから、ちっともうまくできない。あげくのはては、くわえていって、ガジガジとかじったものだから、プラスチック製のフリスビーはあっという間に無残な形になってしまった。

「HANAはボール命なんじゃや。ボール遊びしてればええが。無理して、あんな大会

に出んでもええ」

そうです。さまざまやってみたけれど、HANAにとって、ボールに勝るものはないってことよくわかりました。それから、雨の日も晴れの日もHANAは毎日毎日、あきることもなく、ボールを追いかけ回す日々を送っている。

お母さんのけったボールをお口でパクッ
HANAはサッカーのゴールキーパーにもなれます

1歳で夜啼きが始まる

大体、ワンコは場所を変わると、くんくん、夜通し啼くものだと思っていた。ところが、HANAは生後1カ月で我が家にやってきた日も、くんとも、きゃんとも言わず、おとなしく寝てくれた。それから、1年が経とうかという頃、それは突然、始まった。

忘れもしない1月中旬の明け方だった。私たちはその日も2階で寝ていた。突然、階下から、「うおーん、うおーん」という声がした。はじめの内は、何が起きてるか定かにわからなかった。夢うつつでいたが、「うおーん、うおーん……」という音はどうやら、2~3分おきに繰り返されてるようである。

ねぼけまなこで時計をみると3時半である。それは、階下から聞こえているものだし、次第に、HANAの啼き声だということははっきりしてきた。隣の夫に、

「起きてる？　あれ、HANAの声じゃろ……」

「うん、ちょっと見てこい」

私はガウンをひっかけて、よろよろと降りていった。なにしろ、寒い。真っ暗の部屋で、明かりをつけると、HANAはソファーから降りて、私の足元にじゃれてくる。

「HANA、どうしたん？」

こちらの問いかけにはおかまいなしに、いつもの通りじゃれついてくる。

「HANA、あのな、まだ、ねんねの時間よ」

とにかく、寒い、そうかといって、ストーブつければ危なくて私は2階には上がれない。私は一刻も早く暖かいお布団の中にもどりたかった。

「よしよし」となでてやって、

「さあ、もう一度、寝ようね」

わたしは電気を消して、そろっと2階に上がり、暖かいお布団に滑り込んだ。夫は高いびきで寝ている。そして、私にも再び睡魔がやってこようかというとき、また、階下から「うおーん、うおーん」なのである。

か細く、まるで、あたりをはばかるように啼いている。けたたましい声ではないが、啼いている。それでも、しーんと静まりかえった明け方である。小さな声だがご近所迷惑にはなるであろうなと思う。

しかたなしにまた、起きて降りていった。そうこうするうちに、5時近くになっていた。まだ、外は真っ暗である。夏なら、散歩という手もあるだろうが、この寒さと暗さを考えると、とても起きてしまう気にはなれない。

ストーブをつけ、コタツのスイッチをいれるが、すぐにはなかなか暖まらない。毛布を引きずり出し、とにかく、コタツにもぐりこんだ。ＨＡＮＡはかたわらに寄ってきて寝転んでいる。ＨＡＮＡのぬくもりが唯一の温かみである。そうして、かたわらに寄り添ってやれば、お利口に寝るのである。

夜が次第に明け始めてきた。そして、６時半が過ぎる頃、夫は起きてきた。

「ずっと、ここで寝とったんか？」

能天気な夫である。ＨＡＮＡは正式に起床して散歩に出かけた。

この日から、毎日のように、明け方啼くようになった。夫は無視作戦をとるように私にいう。

「お前が起きていくから、癖がつくじゃろう。少々啼いてもほっとけ」

「でも、近所迷惑になるじゃろ」

そんな、応戦を毎日のようにくりかえしていた。

明け方、寒さに震えながら、コタツに潜り込み、２度寝をするようになった。朝早く目をさますものだから、私たち夫婦も就寝時間がやたら早くなった。夕食をとり、入浴するともう、睡魔がおそってくる。大体、９時前後である。９時半就寝もかなり、早い時間と思うが、９時前から就寝なんて日も出てくるとさすがに、こんなことでいいのかと思ったりしていた。

それでも、春の訪れを感じるようになった頃から、啼き始める時間も次第に4時が4時半になり、5時近くになっていった。そして、春分の日を境に、日の出が早くなり、夫の散歩の時間も早くなっていった。

ある日、散歩のあと、「ビーグルのコナツちゃんという友達ができたよ。コナツちゃんもHANAといっしょ。啼くから仕方なく朝早くから、奥さんが散歩してるんだって」

HANAはコナツちゃんと仲良くなった、というより、コナツちゃんのママがHANAのボール遊びを褒めてくれるものだから、毎日るんるんでボール遊びを披露している らしい。

この異例の早起きは1月から始まり、約半年続いた。それでも、不思議なことに夏が始まるころには、あの「うおーん、うおーん」というなんとも切ない啼き声も聞かれなくなった。夫が起きて、階下に下りていく時間がHANAの起床時間となり、私も半年ぶりに報道ステーションを見て、新聞読んでお休みできるようになった。

半年近く続いたあの啼き声は一体何だったのだろう。しかも、1歳のお誕生日過ぎた頃に……。

あの頃、私たちはHANAを可愛がっていたが、それはきっと、人間側からの一方的な可愛がり方だけだったのだろう。ＨＡＮＡという一匹のワンコともっと、コミュニケーションが取れていれば、ＨＡＮＡが訴えたかった気持ちがもう少しわかったかなと今思う……。

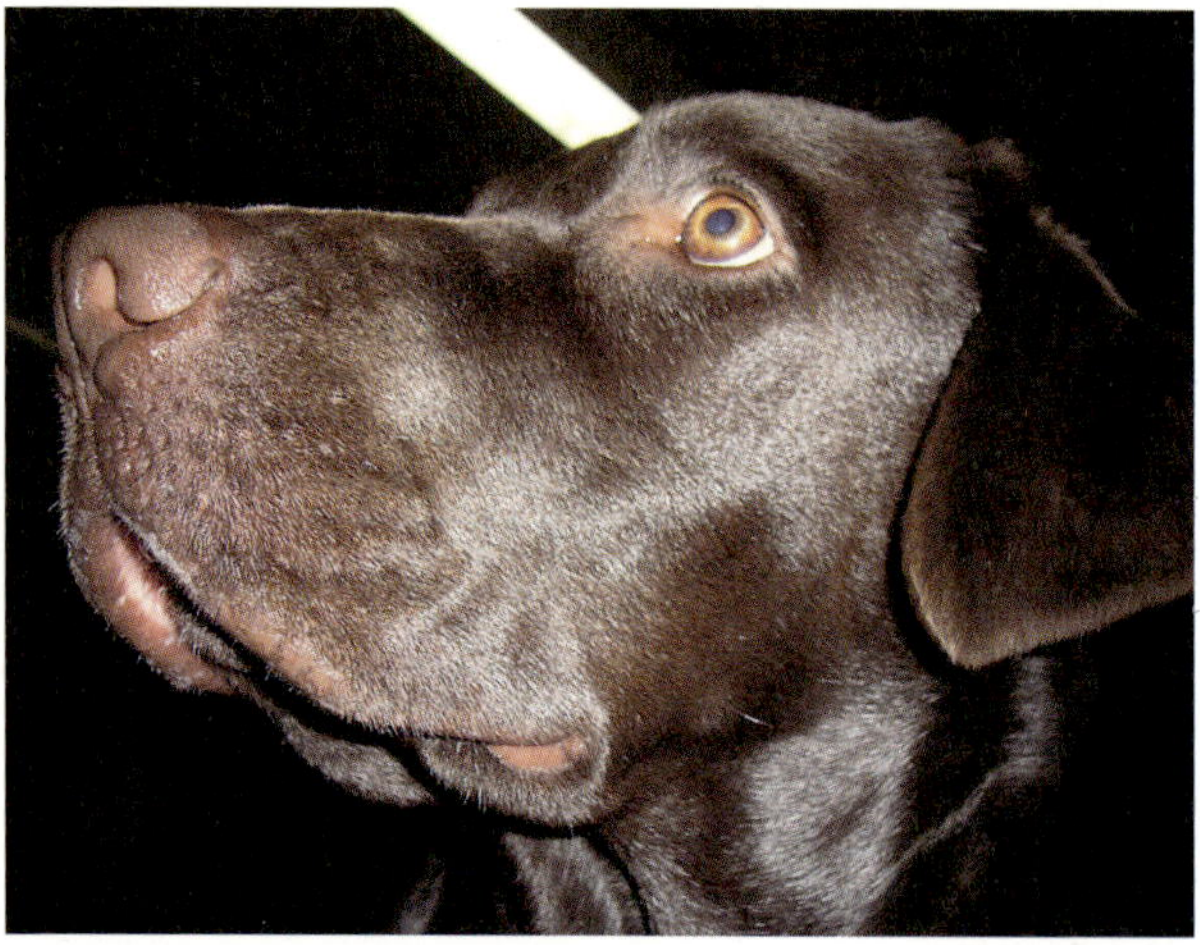

僕の気持ちもっとわかって欲しい……

取るべきか、取らざるべきか？

ころころと、まーるい鼻。4本の足は短くも太い。耳もまーるい耳が垂れてついている。子犬のかわいさそのものだったHANA、ところが、数カ月する頃、あれれ、おなかの下にぶらぶらとするものが見えるようになってきた。そしてそれは日ごとに、大きくなっていく。歩くたびにゆらゆら揺れて、いやでも目に入ってくる。

「おお、HANA、男の子だもんな」

「でも、大きすぎない？　リキもこんなだった？」

幼児的体格のHANAにどうして、こうも立派すぎるほどのものがついているのか、不思議である。そして、散歩に出ると、今までくんくんにおっていただけのHANAがいきなり、相手に乗っかったりするようになった。だいたい、ワンコ同士のごあいさつは相手のお尻のにおいをかぐことらしいとは何かで読んだことはあるけれど。軽いご挨拶なら、ほほえましくもあるけれど、しつこくやったり、やられたりすると、こちらが赤面するほどで、「ごめんさい」と謝りながら、リードをひっぱって離すのも力がいるのである。

散歩の度に「ごめんさい」の場面が多くなり、私は、

「ね、そろそろ、去勢手術しようよ」と夫をせっつく。ところが、夫は去勢手術に賛成しないのである。

「雄に生まれてきたのに、そんな自然の摂理に反するようなことはしなくていい」

「でもね、ネコ飼ってる友達は獣医さんに、子猫を他人に上げるときは去勢手術か、避妊手術してからさし上げるのがエチケットだって言われたらしいよ」

「猫はそうかもしれないが、犬は違う」

　この押し問答が続いていた。

　ドッグランやドッグカフェなど、ワンコの集う場所に行くようになっていたが、はじめの頃はおとなしかったＨＡＮＡだが、この頃になると、妙に攻撃的になったり、嫌がるワンコを追いかけまわすようになっていた。そして、仲間の誰もが、「手術はした方が確かにいいよ」とアドバイスしてくれる。しつけ教室の先生に相談すると「子犬を産ませて、繁殖犬にする目的がないのなら、早いうちに取った方がいいですよ。ただし、後、太りやすくなるかもしれませんから、それだけは気をつけてください」。

「でも、せっかくこの世に雄として生まれたからには一度だけでも経験させてやらないとかわいそうな気がするよ」

「一度でも体験すると、その時節にはびっくりするくらいの行動にでるコもいますよ」

「と言うと？」

「その経験があると、その時節、発情すると、少々の垣根など、ものともせず出て行くコもいましたよ。一般的にお父さんのように、男性は躊躇される方多いです。むしろ、女性の方が手術を積極的に言われますね。でもね、取るなら何もしらないままの方が幸せだと思います」

中年のおじさんとおばさんとうら若き女性の３人の会話である。それにしても、男性の気持ちはなかなか微妙なんだな。

「もう、こんなにアタックが激しいとワンコの友達のいる遊びには連れていけないかも」の私の言葉に夫はしぶしぶ承諾した。

近くのかかりつけの獣医さんに予約を入れた。一泊のお泊まり入院である。手術の日がやってきた。お医者さんが大好きなＨＡＮＡは、何の抵抗もせずにお医者さんに預けられた。

ＨＡＮＡのいない一日。新聞を読んでも、読んだ後、ＨＡＮＡにとられないようにさっと片付けることもしなくてよいし、いつも、やんちゃで、いたずらばかりしているＨＡＮＡのことを気にしないで時間が流れる。「ＨＡＮＡ、いないんだ」なにか行動する度に気持ちの中でいないという確認作業をしている自分がおかしくなってくる。ぽっかりと穴のあいた気持ちってこのことだろう。

次の日、迎えにいった夫とともに、HANAが帰ってきた。元気いっぱい、私に飛びついてくる。そして、あの立派な物体がきれいに消滅したのかというと、「あらら、取ってもらえなかったの」というくらい、なんだか、まだ完全消滅にはいたってないように見える。

「次第に、吸収されるんだって」という夫の説明に、私は？？？

それからのHANAは、先生のおっしゃったように、吸収されたのでしょう、しだいにおなかの周りはすっきりとしてきた。前にもまして、しっぽぶんぶん振りで、ボールを追いかけ、元気いっぱいである。ワンコ同士の集まりでも、他のワンコにちょっかいをだすこともなくなった。そして、私たちはなんの不安もなくどこへでも連れていける幸せをみつけた。

お出かけ大好きなＨＡＮＡ「どこへでもお伴しますよ」

HANA、怪我で3針縫う

去勢手術をしてから、1カ月がたとうとしていた。手術をしたことも忘れてしまうくらい、元気いっぱい、いたずらいっぱいの毎日だった。HANAは夫が大好きだ。日曜日など、お休みの日にはずっと、夫の後ばかりを追っていた。その日は、か一っと、日射しの強い梅雨の晴れ間の土曜日だった。庭の芝生が伸び伸びになっていたので、夫は朝食後、芝刈りに精をだしていた。私は朝食の片付けで台所にいた。「ブーン、ブーン」と芝刈り機が音をたてていた。そのときだ。

「キャイーン」

かん高い啼き声がした。聞いたこともない啼き声だった。芝刈り機の音が止まり、夫が前かがみになって、HANAにおおいかぶさってるように見える。

「どうしたん?」

私はあわてて、庭に飛び出した。

「HANAがじゃれ付いてきて、刃が足にあたったが……」

血がぽたぽた落ちている。

「医者に連れていかにゃ……」とりあえず、タオルで足をしばって、抱っこして車へ入れた。HANAはそれでも、最初にキャイーンといった後は啼きもしないで、なすがままにされている。

「ついていこうか?」

「うーん、大丈夫じゃろ」

私は家で待つことにした。幸いなことに、土曜日の午前中である。獣医さんは診療があるはずだ。


待つこと1時間あまり。車の音がしたので、飛んで出た。HANAは車の中で、ぐたーっと横たわったままだ。出かけた時は普通に抱っこできた。ところが、帰ってきたHANAはまるで、死んだようにぐたっと横になったままだ。二十数キロはあるHANAを横抱きにかかえて車から降ろしているものだから、庭仕事をしていた前の家の奥さんが、めざとくみつけ、

「どうされたんですか?」

「芝刈り機で足切っちゃったんでね、3針ばかり縫っちゃったんですよ。麻酔がまだ、しっかり、さめてないもんだから」と奥さんと私へと両方に説明する羽目になった。

「かわいそうに」

「えっ、歩くのに支障はないいん?」

前のリキは病気で足を切断したことがある。大型犬にとって、足の故障は致命的になる。

「大丈夫。縫ったから、ちゃんとくっつけば、走れるようにもなるって。当分、水遊びはできないけどな」

「あー、良かった。HANA心配したんだから」

HANAは横になっていたが、しばらくすると、麻酔が切れてきたのだろう、ゆっくりと起き上がった。


「それにしても、この包帯はなんなの？」

「おもろい包帯じゃろ」

包帯は白と決まってるはずだった。ところが、HANAの足をぐるぐると包み込んでいるのはパープル、紫色の包帯、しかも、ニコニコマークのプリントものだ。

「こんなのがあるんだ、かわいいけどさ、なんだか、ふざけてるよね」

HANAの怪我が致命的なものではなかった安堵感から、包帯にまでやつあたりしたくなった。

「月曜日に、消毒に来てくださいだって」

麻酔から、しっかりと目覚めたHANAはぐるぐる巻きの包帯をなめる。

「HANA、いい子だから、なめないで。はずしたりしちゃ、だめだよ」

そして、ゆっくり歩き始めた。靴をはいてるわけではないので、包帯はすぐに汚れてしまう。

月曜日、消毒に連れて行った夫は、

「これ、分けてもらってきたわ。この包帯はな、ぐるぐる巻くだけでぴたっと止まる優れものじゃ」

袋の中から、出てくる、出てくる、ニコニコマークの包帯が。ピンク…イエロー…オレンジ…パープル…グリーン……器用な夫は色とりどりの包帯を日替わりで交換してやる。

それで、散歩に出るものだから、会う人ごとに、

「足、どうしたんですか？」

その度に説明を続ける日が続いた。

「今日はな、５回同じ説明をしてきたよ」

程なく傷は治って、元気に水遊びもできるようになった。

そして、1年がたった。梅雨の晴れ間、また、芝刈り機が登場した。

「気をつけてよ、去年のようなことにならないでよ」

心配性の私はわーわーと騒ぐ。ところが、いつも夫にくっついているHANAなのだが、芝刈り機の音が始まると、自分から、テラスに上がってきた。そして、私の足元にやってきて、じっと座っているのだ。

「HANA、痛かったこと、覚えているんだね。いい子だ。ここで、待ってんのよ」

ブーン、ブーンと音をたてる芝刈り機にワンワン、キャンキャンと吠えてもいいはずだが、HANAは黙ってじーっと済むのを待っている。HANAの記憶の中にこれほどしっかりと記憶されるくらい、痛くて、怖かった経験なのに、あの時、一度、悲鳴を上げただけで、後は痛いそぶりもみせなかった。

「HANAは我慢強い子だねえ」

頭をなでながら、私はつぶやいた。

心に受けた傷が治るのは、体の傷が治るより、もっともっと、多くの時間が必要なのだろう……。

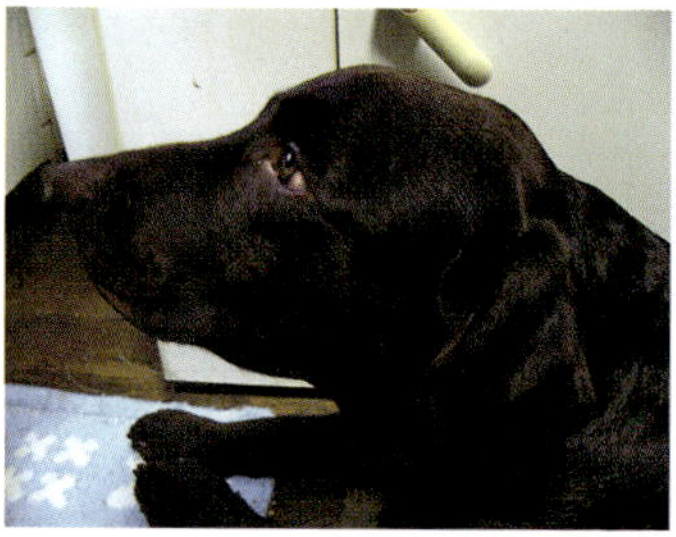

芝刈り機のブーンブーンの音
こわいよ

泳ぎならまかせて

その夏は本当に暑かった。5月の下旬から、すでに30度を越す真夏日が出現した。6月の下旬には、いきなり35度を記録する日が続いた。

HANAが迎える2度目の夏だった。昨年の夏は昼間、留守番の際はテラスの下にもぐりこんでいたものだ。コンクリートの土間の上に、テラスを作っていた。潜りこめば、縁の下の通気口から、かすかな風が流れ、コンクリートが少しは暑さをやわらげてくれていたようだった。ところが、1歳が過ぎ、大きくなったHANAはもう、床下に潜りこむことはできなくなっていた。しかたなく、庭の樹の茂みに潜りこんだり、裏木戸に通じる狭い通路で、暑い日差しをさけていた。

夕方の散歩も容赦ない西日をあびてHANAにとっては耐えられなかったのだろう。河原の中央部の水たまりに好んでいくようになった。毎日散歩している河原は、自宅すぐ近くの百間川である。備前地方を流れる三大河川のひとつ旭川が増水した時に放水するために江戸時代に作られた人工の川である。川の幅が百間あるところから、名づけられた川と聞いている。河原は近年ずいぶん、整備された。子供の遊び場もあるし、テニス場もある。ウオーキングする人、犬の散歩する人、スポーツする人でいつも多くの人々に利用されている。ところが川中央部は普段は水も流れてなく、池のようにたまっている。ワンコといえどもここで水浴びするには、こちらが、躊躇する。

そこで、夕方の散歩時は時間さえ許せば、車で旭川まで連れていくようになった。こちらは、きれいな水がとうとうと流れている場所だ。

初めて、河原へ連れて行き、水辺に降りていった。HANAはざぶざぶと水の中に臆せず入っていく。そして、ボールを投げてやると、喜んで、じゃれ付く。自分の背丈より、深いところでは泳いだ。

「HANA、泳いでる」

「上手に泳いでる。これが、正真正銘の犬かきじゃ」

ボールを少し遠くへ投げてみる。HANAは犬かきで泳いでいく。そして、ぱくっとボールをくわえると、くるっと、Uターンして戻ってきたのだ。もちろん、川は流れているのだから、ボールも流れにのって、ぷかぷか流れている。流れを計算して泳いでいるわけではないのだろうが、実に効率よくボールをめざすのだ。そして、ボールをくわえたまま「フンガ、フンガ」といいながら帰ってくる。河原へ車を洗いにきていたルー大柴みたいなおじさんは言った。

「効率がいい泳ぎするなあ。この犬、クレバーね」

何度も通ってるうちに、同じように暑さを逃れてやってくるワンコ仲間にも、よく出会うようになった。その中でも黒ラブのモモちゃんは見事なダイビングをみせてくれた。坂になっている石垣を走り降りてきては水の中に飛び込む。華麗なダイビングを見せてくれる。

ＨＡＮＡは石の階段の一番下の段から、ボールめがけて、飛び込むようになった。モモちゃんのように、華麗なジャンプでなく、お尻からどぼんと落ちたり、胸から、ばちゃーんと落ちるのだが。次第に手足を伸ばして、見事なフォームで飛び込むこともできるようになった。

それでも、ＨＡＮＡの一番のお気に入りは川にボールを自分で落として、自分で拾うひとり遊びだった。階段の一番下は少し広くなっている。そこで、くわえたボールをぽちゃんと、水の中に落とす。ボールが流れていくと、移動してはぱくっとくわえる、また、もとの場所に戻って、ぽちゃんと落とす。それの繰り返しをあきることなく続けるのである。たまに、ボールが石段より離れていって、くわえることができなくなると、ばちゃんと、水の中に入っていっては拾って上がってくる。そして、また、ぽちゃんと落とす。２〜３歩移動してはくわえる。……えんえんと続くのである。モモ母さん（モモちゃんのお母さん）は、

「ＨＡＮＡちゃん、ひとり遊びが上手だね」と言って、動画で撮ってくれていた。

前のハスキー犬リキは水には入っていたが、泳ぐことはしなかった。

「犬種によるんじゃなあ、こんなに泳ぐことが好きなんは。聞いたところでは、レトリバーはその昔、漁師の犬だったそうじゃ。魚採るの手伝ってたんだって」

「本当?」

「そうじゃ、カナダかどこかの話らしいよ」

「そっか、DNAの段階の話なんだ」

HANAはこの夏以降、少し暖かければ、2月でも泳ぐようになった。

夏の暑さを乗り切れたのは……

「今度の日曜日、どこ行く？」

週末が近づくと、夫はお酒を嗜みながら、ＨＡＮＡに語りかける、というか、私への間接的な問いかけでもあるのだ。

「ドボンにしようか、ガルちゃんのところに行こうか？（河原での水遊びにしようか、ガルボくんのいるドッグカフェに行こうか）」

「ねえ、お願いだから、その行くって言葉使わないでくれる？」

ＨＡＮＡは「行こうか」とか、「行く」あるいは「ドボン」という言葉に敏感に反応するのだ。そして、今すぐにでも、お出かけに連れていってもらえると勘違いして、「ワンワン、キャンキャン」と催促してうるさいのだ。

私の子供の頃は、摂氏30度が暑さの境界線だった。32〜33度が最高だったように思う。ところがここ数年の暑さは異常だ。35度とか、36度が連日続くのである。夜もクーラーをつけ、朝まで入れっぱなしの日が続いていた。挨拶しても、「暑いですねー」としか言えない毎日だった。この暑さのせいで、ウイークデーはまじめに仕事をするが、週末になると、海に行ったり、川に行ったりするのが習慣になっていった。

日曜日の朝、暑くなる前に、掃除をし、HANAのタオルやソファーのカバーなどの大物の洗濯を大急ぎで済ませる。

「さ、ドボンに行こう」

車に乗せると、HANAはもうどこへ行くのか、わかっている。初めの内はおとなしく伏せの姿勢をとっている。ところが、県道の信号を右に曲がり、河原まで、後、2~3分というところまで来ると、もう黙ってはいない。

「HANA、その声は一体、どこから出てるの?」

「ハヒハフハフハフ、キュンキュン、ハヒーン」というなんとも、奇妙な声を上げる。頭のてっぺんから、もれているような音である。そして、いよいよ河原が見えるところまでくると、もう待っていられないというように、車のなかで「ハヒハヒハフハウ」と言いながら、くるくる舞い踊るのだ。

ドアを開けると、転げ落ちるように外に出て、まず、草むらに突撃。早くボールを投げてくれという体勢で構えて待っている。ひとしきり、ボール遊びが済むと、夫の顔を見る。

「よし」と夫が言えば、こんどは一目散に河川敷から川にざぶざぶと入っていく。今度は水の中でボール遊びだ。HANAは暑さを逃れての水遊びがご満悦だ。同時に一緒についていく私たちも実は至福の時間なのだ。

岡山県には三大河川があり、中でもこの旭川は岡山市の中央やや東よりに流れる一級河川である。この後は、岡山城、後楽園に沿って流れていくのであるが、市街地に入る手前のこの場所は自宅からも近い割には、自然がいっぱい残っている絶好の場所なのである。HANAを遊ばせながら、目を上げれば、川にそって伸びる県道53号を車が行き来しているのが川岸の向こうにはるかに見える。その向こうは緑濃い金山の山なみに続く。

何より素晴らしいのは、川の中央部にできている中州だ。こちらから見る限り人が近づけない様子で、低木ではあるが、樹木が生い茂り、その周りをごいさぎが悠然と泳いだり、飛んだりしている。上空では、「ピィッ、ピィッ」と突然鳴く鳥がいたかと思えば、「ホーホケキョ、ケキョケキョ」ウグイスの鳴き声も聞こえてくる。川面からは、かすかな風が、絶えず流れて来る。こんなにも、自然を満喫できる時間をこの年になって、身近に味わえることが私にはうれしくてたまらない。HANAと一緒に、じゃぶじゃぶと川の中に入っていけば、浅い川瀬には、あめんぼうがくるくる泳ぎ、めだかほどの大きさの魚が泳いでいるのが見える。

8月もお盆の頃になると、赤とんぼが群れ飛び、バッタがそこここに跳びまわる。

春から秋にかけては、カヌーを操る家族連れが来たり、うなぎを仕掛けるおじさんもやってくる。ラジコングライダーを操るおじさんも、ＢＢＱを楽しむ若者のグループや、水遊びの家族連れもやってくる。その中で、ＨＡＮＡと一緒に遊べるのはなんて幸せなことだろうか……。

毎週といっていいくらい、暑さを逃れてやってきた。ＨＡＮＡがご機嫌に水遊びをするのを眺め、川面をわたる風を感じながら、うぐいすの声を聞く。この極上の時間に癒され、あの暑い夏を乗り切れたように思う。

ひげさんは動物カメラマン

　久しぶりにドッグカフェ「防風林」にいった。看板犬ゴールデンのガルボくんがのっそりと迎えてくれた。今日も「防風林」は千客万来だ。

　喫茶店の壁には、それぞれ雰囲気のあるワンコの写真が何枚も飾ってある。中に一枚の黒ラブの写真が目に留まった。ＭＯＭＯと名前が刻まれている。

「黒ラブのモモちゃんて、この間、川であったあのモモちゃんかな」

「よく似てるよ」

と夫と会話していると、

「どこの川ですか」

「旭川で先週一緒に水遊びしたワンちゃんにそっくり」

「自宅から、近いんで、よく行くんですが、そこで、先日、ご一緒したんです」

「ラブって、泳ぐの好きでしょ」

　なんて、飼い主さんとおしゃべりに花が咲く。

　カウンターに座っていた黒ラブのパパさんが、携帯をいじっていたかと思うと、しばらくして、

「そう、そのモモちゃんですよ。先週、川遊びしたって聞いてたから、今、メールで確認したら、チョコラブちゃんに会ったってメール返してくれました」

「へー」こちらは目ぱちくりである。


このカフェは小型犬から、大型犬までOKのドッグカフェである。ここで、私たちはレトリバーと暮らしている多くの人たちとお友達になった。

ひげさんもその中のお一人である。やさしい目と柔和な笑顔が素敵なカメラマンで、ワンコの撮影をライフワークにされている方である。

「いい写真ですね。どれも」

「私、HANAの写真ほとんど撮ってないんですけど、こんなに素敵に撮れるなら、撮った方がいいかしらん」

「えっ、撮ってないんですか？　もったいないなあ。特に子犬の時代の写真は二度と撮れないですから、ぜひ、撮ってください」と言われてしまった。

そのうちに、「防風林」に飾ってある写真の多くが、ワンコ専門に撮影しているひげさんの力作であることもわかった。ワンコに向ける優しいまなざしがあふれている作品ばかりだった。そして、近々このドッグカフェでワンコの撮影会が催されることを知り、申し込んだ。

撮影会当日。お店は貸切になっていた。テーブルは隅に寄せられ、空いたスペースが撮影場所になった。黒ラブアルクンのパパとママがボランティアでアシスタントをしている。次々、予約のお客さんが訪れる。

そしてHANAの番になった。HANAを座らせる。アルクンのパパがレフ板を持ってかたわらに立った。ママが音の出るおもちゃを持って、カメラマンの後ろでHANAの視線をカメラに誘導する。ところが、多くの人に囲まれて、座れと命じられたHANAは一応座ってはいるのだが、興奮して、「ワンワン」叫ぶのである。これじゃ、撮影は無理かなとあきらめかけたが、ひげさんはちゃんと撮ってくれたようだ。そして、お店の前の公園でも撮ってくれた。

後日、送られてきた数多くの写真の中から、指定するとA4版の大きさのHANAの一等いい感じのポートレートが送られてきた。

この時点で、私はデジカメを持っていなかった。子供が幼い時は撮りまくったものだが、やがて、大きくなり年に一度、家族が全員集合するお正月に家族写真を撮るのがせいいっぱいだった。それも、昔から使っているオートカメラだったり、コンビニで買った使い捨てカメラだった。

遅ればせながら、私もデジカメを買った。そして、おでかけの度にもって出て、いいシャッターチャンスをねらった。

ところがここであることに気がついた。写真を撮る場合、被写体が黒っぽいものは難しいのである。よほど気をつけないと、ＨＡＮＡはただの真っ黒いかたまりの物体となる。表情なんて出てこない。室内で撮る時、フラッシュをたけば、目は真っ赤になり、おじいさんのような雰囲気を醸し出す。しかたなく、フラッシュたかずに撮ると、顔の表情は出てこない。しかも、動く。

よそ様の白いワンコは実にいい表情が出る。ところが、ＨＡＮＡはただの真っ黒け。その上に、ハアハアといつもベロを出しているのである。

ど素人カメラマンにとって、チョコラブは超難しい被写体であることにいまさらながら気がついた。

ヒゲさんに撮ってもらったりりしいHANA

ネットの世界で遊びたい

先日、ドッグカフェ「防風林」でモモ母さんがホームページ持ってることを教えてもらった。

さっそく、帰って探してみる。

「あった、あった、あれれ、お父さん、モモちゃんのホームページにHANAが出てるよ」

「おお、HANAじゃ、これは」

先日、河原で水遊びしていた時、ひとり遊びをしていたのを撮ってくれたのがのっている。

さっそく、娘とお嫁さんにメールした。

「HANAが全国デビューしたよ」

そして、初めて知った。ワンコ大好き人間のみなさんが、多くのホームページを開いていることを。その中に、ワンコたちのいきいきとした写真がたくさんのっていることも初めて知った。

ちょうど、ブログも出現して、爆発的な広がりを見せている頃だった。

お友達になった方のホームページやブログをたくさん見せていただいた。すごく楽しい時間が共有できることも知った。でも、60代に片足突っ込みかけた身にとっては、「?…?」という言葉が数多く登場していた。

　BBQ、カウプレ、オフ会、キリ番……[※(5)]何の意味かまったくわからない。ひとつ、ひとつ聞いたり、前後の意味で推測したり……。

「私もホームページ持ちたいけれど、できるかなあ」

　ある日、会社で社員の一人に相談してみた。

「ホームページは少し難しいかも知れないけれど、ブログなら簡単ですよ。パスワード教えてもらえれば、私、自宅に帰って操作してあげることもできますよ。私もブログやってるから、やりましょうよ」

　と誘ってくれる。力強い助っ人である。夫はパソコンまるでだめ人間である。仕事の関係上、まだ、私の方ができる。ワードやエクセルならなんとかこなせる。ただメールにしても、すぐに打てるときもあれば、なかなか送れない時もある。メールアカウントがありませんって、先日も画面にでて、先へ進めなくなった。言葉の意味がかいもくわからないのだ。そんないらいらしたこともたびたびある。きっと、やりだしたら、夜中までかかって、しかも十分なことができない。その上、目がさえて寝られないの繰り返しになるだろうと予想される。いつでも、傍に「ねえ、ちょっと悪いけどこれ教えてくれる？」って人がいないと無理だろうなと思う。それと、もうひとつ、新しいことに興味をもつことは得意だけれど、継続性がないのが私の難点である。この継続性という点が私には最大の難関だ。しかも、ホームページにしろ、ブログにしろオープンである。ひとりでこっそりやるもんじゃない。とりあえず、やってみてすぐに沈没というのも、この年になっていかがなものかと思うと、どうしても踏み出せない。

現在、私は他人様のホームページを覗くだけ。こういうの、読み逃げというらしいこともわかった……。

※(5)BBQ………バーベーキュー
カウプレ……カウントプレゼントの略。ウエブページのアクセスカウントの数字があらかじめ決められた番号になった時に、申請するとプレゼントがもらえるという意味。

オフ会………パソコンやインターネットで親しくしている人たちが実際に集まって行う会合。ネットワーク上をオンラインというのに対し、現実社会をオフラインと呼ぶ。

キリ番………ウエブページのアクセスカウント上で「キリのいい番号」のこと。

雪山で遊ぶ

平成17年、ひどく寒い冬だった。温暖化の影響で、瀬戸内では雪の積もることはここ何年もほとんどなくなっていた。車で行ける中国地方のスキー場も年内に滑れるところは人工降雪機のあるスキー場以外なかった。ところが、この年は違っていた。クリスマスの頃に降った雪は溶けないまま新年を迎えていた。我が家の子供たちは外国に行ってたり、仕事の関係で誰も帰省することのない年末年始だった。おせちをがんばって作る必要もなかった。

「防風林（ドッグカフェ）でも行ってみようか」

結婚して以来三十数年、おおみそかに出歩くなんて考えたことさえなかった。

「こんなに、ゆっくりできる年末年始なんて、後にも先にもないだろうね」

そして、お正月を迎えて、夫と2人だけ、ほんのおしるしのおせちとお雑煮を食べた。その後は、持て余すほどの時間があった。ところが、正月三が日といえば、初詣以外、私たち中年夫婦にとっては行くところもない。夫は珍しく、

「北は雪が積もっているようじゃけん、ＨＡＮＡ、雪で遊ぼうか」といっている。

私は「本気？」と言ったきり、夫の顔をまじまじと見た。夫は山よりは海大好き人間である。山登りも好まなかったし、スキーはゲレンデでぶつけられ、肋骨を折って以来、頑として、行きたがらなかった。私は山が好き、スキーも好きなのであるが、さすがに、雪山に一人で車を運転して行く勇気は持ち合わせてなかった。以来、20年近く封印してきた雪山である。

「行こう、行こう、ＨＡＮＡ、雪で遊ぼう」

ＨＡＮＡを乗せて、北へ向けて出発。ＴＶでは例年になく雪の積もった景色を映しだしていたが、なかなか、その光景にはお目にかかれない。ところが、トンネルをぬけたとたん、一面の銀世界になった。

「うわ、ＨＡＮＡ、雪だよ、雪」

私の歓声にＨＡＮＡはわかってか、わからずか、お座りしたまま、外の世界をきょろきょろ見ている。この時点では、私たちもＨＡＮＡが雪が大好きということは認識していなかった。ところが、車から降ろすと初めはくんくんと鼻をくっつけて、においを嗅ぎまわっていたが、後は喜んでぐんぐんひっぱっていく。新雪の中であろうが、アイスバーンっぽいところだろうが、平気のへいざである。

「お前は四輪駆動だからなあ」

ひっぱられる私たちの方が大変である。どんどんひっぱる、そして雪のにおいをかぎ、あげくのはては、ひっくりかえって、おなかをみせて、雪のなかを転げまわる。起き上がってぶるるんと、体中を振るわせれば、身体中、雪まみれの姿もあっというまに、元に戻る。とにかく、雪を体中で実感して、喜んでいるＨＡＮＡである。そんな姿をみていると、こっちまでうきうきしてくるのである。

そこはスキー場でもなく、ゲレンデでもない場所だった。一面続く斜面で家族連れがそりをして遊んでいるのである。こんなに、家族連れが多いと、ＨＡＮＡを自由に遊ばせることが難しいかな。そう思いながらも、そろっとボールを投げてみた。ＨＡＮＡは斜面をものともせず、思い切り走ってとりに行く。ＨＡＮＡはボール以外に目もくれないので、周りの人たちもまるっきり、気にせず自分たちの遊びに没頭してくれてる。ほっとしていたところへ、小学生の姉妹がやってきて、「私にもボール投げさせて」。

「いいよ、投げてごらん」とボールを渡してあげると、斜面を転がすから、うまいこところころ転がり、ＨＡＮＡは何度も何度も斜面を登ったり、降りたりした。姉妹もＨＡＮＡも存分に楽しんだ。

犬は寒さに強いと聞いてはいたが、ＨＡＮＡの喜びようは私たちの想像をはるかに超えていた。これがＨＡＮＡと雪とのはじめての出会いだった。

味をしめたのはＨＡＮＡであり、私たち夫婦だった。正月休みが終わった頃、ネットで「ペットと雪山で遊ぼう」という企画が中国山地のゴルフ場※(6)であることを知った。日曜日の朝、電話をかけて聞いてみた。

「一度、どんなところか行って見たいのですが……これから行ってもいいですか？ 2時間くらいで着くと思うのですが」

「どうぞ、おいでください。長靴を持ってこられた方がいいですよ」

私はブーツで夫は長靴を用意して訪れた。お昼近くになっていた。雪におおわれたゴルフ場に到着した。

「うわあ、まるでカナダみたいじゃない」針葉樹が林立する素晴らしいロケーションである。ゴルフ場のクラブハウス前に車を止めて、中に入るとひょろりとした支配人らしき初老の男性とゴールデンレトリバーがのっそりと出迎えてくれた。宿泊客がいたのだろうが、すでにチェックアウトしたあとであろう。広大な敷地は静寂に包まれていた。

「こちらのアウトの方で遊んでくださって結構ですよ」

私たちは深い雪の中を歩いていく。きゅっきゅっと新雪を歩いていく。林を抜けると、グリーンの上であろう。広い。しかも、一面雪のフィールドだ。やはり、ここでもボール投げである。夫はボールを思いっきり投げる。ボールは深い雪の中にすぽっと吸い込まれるように入ってしまう。ＨＡＮＡはくるくる回ってボールを捜す。ボールは深い雪の中にうずまってしまう。それをまるで、もぐらのように前足２本で雪を掻き分ける。体半分うずまりながら、くるくる扇風機のように回り続けるしっぽだけが目に入る。このしっぽの回りようで、どんなにＨＡＮＡが楽しんでいるか一目瞭然である。

なんて素晴らしい贅沢な空間なのだろう。ひとしきり遊んでクラブハウスをたずねた。先ほどの支配人（本当はオーナーだったのだ）に「ペットと雪山で遊ぼう」の企画について尋ねた。

「今年、始めたばかりで、試行錯誤で始めてます」

私はこの企画の趣旨をよく理解できずにいたものだから、「日帰りできてもいいですか」と尋ねると、穏やかな笑顔で「結構ですよ」。本当は宿泊のみの企画にもかかわらず、ＯＫの了承をいただいて、私たちはこの後、オーナーの特別のご好意で何度かお邪魔した。

※(6)神郷カントリークラブ（岡山県新見市神郷）…冬場の営業形態は年度によって変わっています。ペットと泊まれるホテルですので、日帰りプランはありません。

初めてのお泊まり

雪遊びに目覚めた私たちにとって、絶好の冬だった。暮れに降った雪は根雪となり、一度も溶けることのない日が続いていた。日帰りの遊びの次はＨＡＮＡを連れてのお泊まりを考えるようになっていた。ワンコを連れての宿泊など、それまで考えたこともなかったが、

「いつも、日帰りで、遊ばせてもらってばかりじゃ、なんだか悪いじゃない？」という私に夫も同じ思いだったようで、２月の土曜日に宿泊の予約をいれた。

いよいよ、土曜日の朝、ゆっくりめの朝食をとり、おでかけの準備にとりかかった。いつものおでかけバッグの他に、ＨＡＮＡのえさ……食器は必需品である。

「ＨＡＮＡの毛布がいるぞ。人間でもまくらが替わったら、寝られんじゃろ」

「いいアドバイスありがとう」夫の提案で、ＨＡＮＡ専用の小さめの毛布……水を飲む際にあたりの床を汚さないようなシートも加わった。それに、以前、ネットで覗いていたペット同伴宿泊のエチケットを読んで私はベッドカバーにするつもりで用意していた大きな布２枚も用意した。それに忘れてならないコロコロカーペットである。抜けた毛を粘着テープでころころ転がせてとるすぐれものだ。

「ネットではオムツみたいなのも書いてあったよ」と言う私に、

「HANAはそそうは絶対しないから大丈夫」

「絶対って言葉は禁句だよ……本当に大丈夫かなあ？」

いざというときのためにタオルやバスタオルを多めに詰め込んだ。ああだ、こうだと騒ぎながら、何とか準備完了。

私たちの荷物より、はるかにHANA専用のものの方が多い。さあ、荷物を積んでいよいよ、出発。

2時チェックインということだったので3時過ぎに到着。何度かお邪魔しているので、ロビーでは我が物顔に歩いていたHANAも、階段を上がろうとすると怖がって上がらないのがおかしかった。

お部屋はベッドとソファーのある洋室だった。HANAの毛布を敷いてやり、水を入れたボールも用意してやった。HANAは初めてのお部屋を興味深そうにうろうろと歩きまわっている。夫がお風呂に入りに出て行くと、ドアの近くでじっと伏せして待っている。興奮して吼えたり、走りまわることもなかった。むしろ、初めての環境で心細いのだろう、夫や私が部屋から出ると、ドアのすぐ傍でじっと待っていてくれた。HANAは持参したドッグフードで夕食を済ませた。次は私たちの夕食である。

館内のレストランで食事をする間、ひとりで、お留守番である。

「大丈夫かなあ?」と言う私に夫は、

「大丈夫。きっと、ドアのすぐ傍で寝とるよ。俺らの姿が見えんとあきらめるって。俺らが帰ってくるのを待っとるわ」

夫の言う通り、ワンとも、キャンともいわず、ドアのすぐ傍にいたようだ。お部屋の鍵を開けると、

「どこ行っとったん、どこ行っとったん(どこへ行ってたの? どこへ行ってたの?)」

というように、体くねくね、まさにへびのごとく全身をくねらせて、しっぽはぶんぶんまるで飛びついてくるのである。

HANAも私たちも夕食を済ませ、テレビを見たり、くつろいでいた。外は一面の雪である。HANAも私たちがいるので、安心したのだろう、やんちゃを始めた。テレビを見ている隙をねらって、お部屋にそなえつけのスリッパをかじりはじめた。

「HANAちゃん、やめて」

これは私たちの油断だった。気がついた時には……。

「そろそろ、寝る準備をしよう。HANAおしっこにいこう」

HANAは喜んで外に出て行く。出入りはホテルの玄関でなく、別館についたエレベーターで直接外に出ることができる。ワンコの学習能力のすばらしいことはここで

も証明された。初めてエレベーターに乗った時はおっかなびっくりですぐには乗れなかった。狭い空間に入ることにためらいをみせていたが、1度体験すると、難なくこなせる。2度目からは、扉があくやいなや私たちより、一足早く我先に乗り込むものだから、時々は中にいるお客さんに突進していったり、外で待ってるお客さんに突っ込んでいくようなこともあった。

「HANA、エレベーターに乗るときはここで待つ、お客さんがいないのを確認すること」

「こんばんは」―同じように、おしっこタイムで外に出ているワンコたちと、ひとしきり、夜の運動会を繰り広げ、雪遊びを堪能して、おしっこしてお部屋に戻った。ベッドの傍らに敷いてやった毛布でHANAはごろんと横になってもう、お休みである。雪の中で、散々歩きまわり、HANAと一緒に走り回ったものだから、いつもより、早く睡魔がおそってくる。私たちも早めにベッドに入った。

朝、目覚めたのはHANAが先だった。

「早く起きろ、早く起きろ」

私たちはぺろぺろと顔をなめられ、HANAに起こされた。6時過ぎである。外は暗い様子だが、HANAのそそうを恐れて私たちは飛び起きた。暗いなか夫はHAN

Aのおしっこにつきあい、部屋を出ていった。私も起き上がり、お部屋を見回してみた。特に変わったことは起きてないようだった。

私たちのペット連れ宿泊は案ずるより産むが易しだった。ホテルのスリッパを一足かじった他は何の問題もなかった。スリッパの件では、フロントでお断りをして弁償させてもらうつもりだったが、「いやいや、結構ですよ」と許していただいた。

それからも、何度かこのホテルを利用させてもらっているが、その後、食事の際は一般客とは別に、ペット同伴の家族は別の部屋で、ペットと一緒に食事できるようになった。何組かのお客さんとご一緒するが、どのワンコたちもお利口である。時々、新しいワンコが部屋に入ってくると、「ワンワン」「キャンキャン」ワンココールもおきるが、難なく過ごすことができた。

食事の後、雪の中を散歩したり、子供連れの家族はソリ遊びをしていた。そして、昼前には満足感いっぱいで、ホテルを後にした。

私、ゴルフ始めます

２月も下旬になると雪も溶け始め湿気を含んだ重い雪に変わった。３月中旬にはゴルフ場として再びオープンする予定と聞かされた。雪の間中、お世話になったオーナーに、

「ゴルフ場、オープンすると、ワンコは連れてこれなくなりますね。今日が最後でしょうね」と言うと、

「ゴルフはなさいませんか？　ゴルフなさるなら、わんちゃんもご一緒にどうぞ」

「えっ、ゴルフの時連れてきていいんですか？」

「何人か、連れてきてる方、いらっしゃいますよ」

「コースに連れて出てもいいんですか？　ワンコを連れて歩くんですか」

「いやいや、歩かれてもいいですし、わんちゃんもカートに乗せてあげていいですよ。但し、カートにひかれないようにだけ、注意してください」

ゴルフをしたことのない私にとって、「えっ？　えっ？　えっ？」の連続。帰りの車の中で、「そんなことできるのかな？」と問いかけると、夫は、

「連れてきていいって言ってるんだから、いいんじゃないの」

「私、ゴルフするわ」

夕飯の時私は言った。雪山に行くと言い出した夫に、私が驚いた以上に、驚いたに違いない。若い時から、ゴルフが趣味の夫は結婚当初、私を打ちっぱなしに誘ってくれた。喜んでついて行ったのだが、手取り足取り、口やかましいほどにコーチしてくれるのが、当時の私にはわずらわしかった。

「フォームを言われると嫌だわ。好きに打たせて欲しい」

「フォームができないと、打てないだろう」いつも口論だった。

あげくのはては、つきあいのゴルフに出かける夫に、

「何で、スポーツやるのに、社交が入ったり、仕事がからむの。こんなのスポーツじゃないじゃない」さまざまな悪態をつき、

「私にはゴルフは向いてません。ゴルフは一切やりません」と宣言した経緯がある。なにより、血圧が低く、朝に滅法弱い私。早朝から出かける夫を見てきたものだから、ゴルフのために朝早く起きていかなくちゃいけないと思うことも苦痛だった。こうして、ゴルフに対しての興味はかけらもなかった。

でも、あのすばらしいロケーションの中をＨＡＮＡと一緒に歩けるなんて。

「このフィールドを自由に走ったり、歩いたりわんちゃんも喜ぶでしょう」

動物好きで動物にやさしいオーナーのこの一言が私を決断させた。

「私、ちゃんと練習するから、教えてくれる？　若くはないけど、今からでもやれるかな？」

「ああ、いいよ、今からでも十分、十分。ゴルフはな、年とってもできるスポーツなんじゃ」

「言っとくけど、ゴルフが上手にならなくてもいいんよ。ＨＡＮＡと行ける程度でいいんよ」

「あのな、ゴルフは一人でするもんじゃないんじゃけん、とろとろしとったら、他のお客さんに迷惑かけるじゃろ。ある程度のレベルはいるの」

スキー嫌いな夫が雪山に通うようになり、ゴルフ嫌いな私がゴルフをすると宣言したのである、ＨＡＮＡのとりもつ縁で。

３月に入り、正月に帰省できなかった長男夫婦が帰ってきた。

「じゃ、一緒に練習に行こう」ということで、近くの打ちっぱなし練習場に４人で出かけた。運動はあまり得意ではないという長男のお嫁さんもいっしょに夫のレッスンを受けることになった。まずはクラブの持ち方から、教えてもらう。そして、いよいよ、ボールを打つことになった。

「ボールから、目を離さない」教え通りに打った。ボールはクラブに当たり、飛んでった。一番手前の旗の付近に飛んでいく。打ち損ねると、2階で打ってるものだから、ころころと転がり、1階で打ってる人の、きっと目の前にぽとんと落ちていったりしている。ひとしきり教えてくれると、夫は自分でぼんぼん打っている。長男も夫と一緒で、よく打ち、はるかかなたのネットに当てている。女性2人は「あたった」と言って、喜んだり、ころころ転がして落としたり……それでも、同じように初めてのお嫁さんがいることが心強い。私としては、きっと、打ち損ないばかりと思ってきたものだから、あたって、飛んでいくだけで面白い。若いときのように、つっぱりもしないで、素直に夫の指導が受けられる。何より、HANAのために。

4人は思いっきり打ち、遊んだ。

「ねえ、私、どのくらい、飛んだらコースに出られる」

「あの一番向こうの旗の辺まで、飛ぶくらいになって欲しいなあ」

「嘘、男の人なら十分だろうけど、女の人だったら、あそこまでいかなくていいんじゃない?」

「この前一緒したおばさん、70歳近いけど、あそこまで飛ばすよ」

私は絶句した。そんな日がいつ来るのだろう、HANAと一緒にコースに出るなんて夢のまた夢……。

それでも懲りずに、週末の度に練習に出かけた。はじめの内は夫のクラブを借りての練習。

「このクラブじゃ、かわいそうじゃな。男もんじゃから、重いし長いし」

何度か通ううちに私が本気になってることを察した夫は、女性用のクラブを買ってきてくれた。そして、少しずつ、飛距離もでてきた。ずいぶん、けなされると覚悟はしていたが、HANAのしつけ教室で訓練を受けた夫は私の指導でもほめてくれた。

「腰を回せ。手で打つな。体と一体で回せ」

言われてることは理解できる。だけど、頭と体は思うようには一緒に動いてくれない。思うようには飛ばない。しかも、ボールの芯にあたれば、バギッという手ごたえのある音がしてボールは見事な曲線を描いて空の上高く飛んでくれる。こんな風に、うまくあたることは少ない。ボールの上を殴っているらしく、カーンという甲高い音がして、ボールはライナーのように右方向に飛んでいく。

「体が動いてる。もっと、腰を回せ」

しかし、「よし、今のでいい」とか、「今の振りで、フィニッシュで手をもう少し、伸ばす」などなど、希望を与えてくれる言葉をかけてくれる。こういう言葉に何度助けられただろう。私も夫もHANAの訓練でずいぶんと目を覚まされたのだが、今になって反省頻りである。

こんなに、子供たちを褒めてやっただろうか？　褒めることは少なく、次の飛躍のためにという親心で、いつも、欠点をあげつらねたような気がする。母親になって、教える立場ばかりで、教えられる立場にたつことがなかった私は、今になって、背筋にひやりとするものを感じるのである。

そうして、3カ月がたとうとしていた。

「そろそろ、コースに出てみようか」

夫の勇気ある提案で、いよいよ念願のコースデビューをHANAとともに果たすことになるのである。

「お父さん何してるんですか？」
「汚れたボール洗ってるんだよ」

コースデビューはＨＡＮＡと一緒

５月の連休も終わり、さわやかな五月晴れが続いていた。

「今度の週末、ゴルフ場に行ってみるか？」

夕食の時、夫が切り出した。

「うん？　私？　もう、ほんとのゴルフ場行けるん？」

思ってもいない言葉である。コースへ出るなんて、早くて秋なのかな、来年なのかとくらいにしか思ってなかった。

「いいけど、私、大丈夫かなあ？」

「大丈夫、コースへ出る方がいろいろ経験できて早く上達するから」

「いいよ、別に私は。でも、何にもわからないけど、それでいいなら」

夫は早速、携帯でゴルフ場に電話をしている。

「冬、雪の時、お邪魔していた○○です。……その節は、いろいろお世話になりましてありがとうございました。実は今回はゴルフをしたいんですが……いや、泊まりでなくて、日帰りで……あの、僕はゴルフ大丈夫ですけど、家内が初心者なものですから、時間、後の方でお願いできたらいいんですが。それに、犬、ＨＡＮＡなんですが、連れて行ってもいいですか?……そうですか、……10時半ですね。それではよろしくお願いします……」

「HANAもOKだってさ」

「HANA、お前、また神郷行けるぞ」

夫の行くという言葉に早速反応して、これから、散歩に行けると錯覚したHANAは喜んで、くるくる回っている。

「HANAのこと覚えていてくれて、HANAちゃんもどうぞ、ご一緒に連れてきて下さいだって」


こうして、HANAと私は生まれて初めてのゴルフ場で、コースデビューすることになった。

土曜の朝、朝食もそこそこに、車に乗った。2人分のゴルフセットとHANAのためにペットボトルにつめた水とボールも用意した。車はさわやかな五月晴れの高速道路を北に向けて快調に走った。クラブハウスに着くと、HANAはかってしったる場所とばかりに、自動扉の前に立つ。扉が開くとさっさと、左手の階段を上り始める。

「HANA、違う。降りて来い」

初めて泊まりにきた時は怖くて上るのを嫌がっていたのに……カウンターで受付を

済ませると、私たちのゴルフセットは、係の方によって、すでにカートに積み込まれていた。

用意してきたHANAのペットボトルとお皿……散歩用のバッグを積みこんだ。2人乗りのカートである。運転席に夫が座る。隣は私。

「HANA、来い！」

HANAは何のためらいもみせずにカートに乗ってくる。2人の狭い隙間に割り込んでくる。「座れ！」とゆっくりと低い声で指示すれば、夫と私の間にきちんとお座りする。夫がペダルを踏む。

「ダダダ……」

という大きな音をだしながら、コースに入っていく。

「HANA、ちゃんと座ってるね」

怖がって飛び降りたりしないかと案じていたが、HANAは「ぼく、ちゃんとわかってます」とでもいいたげに座っている。

インコースの一番のスタート地点に着いた。夫はドライバーを取り出す。私も同じようにドライバーを取り出す。HANAはノーリードなものだから、気持ちよさそうに、軽い足取りで歩きまわっている。ところが、ゴルフボールをピンの上に載せると、めざとく見つけて、くわえにくる。

「HANA、HANAのボールはこれだよ」

HANA専用のいつものボールを取り出し、夫が打つ方向と反対方向に投げたり、転ばせてHANAの気をそらせる。

「カキーン」夫が打つ。ボールは空高く、弧を描いてはるかかなたに飛んでいった。

「どこまで、いったかわかるん？」

私には、青い空に吸い込まれていったボールの行方は杳と知れず。今度は私の番。ボールをピンの上に置く。ドライバーを振る。

「あれれ……」

クラブは空をきった。空振り。

「ボールから、目を離さない！」

HANAを遊ばせながら、夫が叫ぶ。もう一度、ドライバーを振る。今度は打ち損なって、右手の林の中へ。

「ああー、ミッキーマウスのボールがどっかいっちゃったー」

「なに、あのボールで打ったん？」

「そう、」

「あれはな、こんなところで打つもんじゃないの」

私のためにそろえてくれたボール1ダース。なかにミッキーマウスのかわいい絵柄のボールが1個あった。

「捜しに行こうか」

「もういいから、次打って。落ち着いて、ボールから目を離すな」

「カキーン」3度目でやっと、会心の音とともに、ボールは空中に舞い上がってくれた。そして、緑の芝に落ちるのがはっきりとわかった。夫のボールはどこに落ちたのか私の目には見えなかった。でも、私のボールははっきりと、あのあたりに落ちたことがわかる。それでも、HANAが取りにいこうとはしないくらい、離れている距離だったのがせめてもの救いである。そして、カートに乗った。

「HANA乗るよ」

と声をかければ、HANAは走ってカートに乗り込んだ。次はウッドの5番。そこからは夫の初打が落ちた地点まで私1人だけ単独行である。何度、殴ったことであろう。夫がカートのあたりから、コーチする声が響く。カートに戻りたくても、戻れない。グリーンを歩いた方がはるかに早い。

HANAは私に付いてきていたが、夫がカートを走らせると置いていかれると思ったのだろう。カートのエンジン音がすると、ダッシュでカートまで走っていく。そして、HANAはカートに乗って移動する。私はもくもくと進行方向に歩く。そして打つ。ところが、なかなか、うまくボールが空中高く上がらない。かーんという甲高い音とともに、ボールは緑の芝生をダッシュで一直線に転がることの方が多い。ゲートボールのありさまである。それでも、なんとか、夫のボールの地点までたどり着いた。

「お疲れさん」夫は笑いながら、7番アイアンを持ってきてくれている。HANAは夫にボールを投げてもらってご機嫌で遊んでいる。

「何で、こんなに打てないんだろう」

「そりゃ、打ちっぱなしとは違うよ。打ちっぱなしはフラットじゃが。コースじゃ、上ったり、下ったり、それにでこぼこしとるじゃろ。初めはこんなもんでいい、いい」

一番のグリーンまでなんとかたどり着いた。私はずーと歩き。夫がカートを運転し、HANAの遊び相手をしてくれていた。それまではHANAは自分のボールで遊ぶのに夢中だったから、ゴルフボールにはあまり興味を示さなかった。ところが、グリーンにくると様子が違ってきた。グリーン上では芝生を保護するためにHANAを走らせないようにボールは取り上げた。ボール遊びを中断されたHANAにとって、今度はころころと転がるゴルフボールが、格好の対象となった。軽い足取りでやってきてはボールの停止する寸前でぱくっとくわえるのである。

「これじゃ、ゴルフにならんよ」

夫はぼやく。

ＨＡＮＡと夫はカートに乗って移動

それから、九番まで、私は打つ、歩くを繰り返した。カートに乗れたのは全コースの何分の一だろう。それでも、池越えも谷越えも経験した。クラブハウスを出てからハーフを終えたのは3時間近くになっていた。「普通、2人で回れば、2時間前後」という。

「昼食取って、後半回れる？」

「今日はもう、無理。もう、元気でない」と言う私に、

「いいよ。じゃあ、今日はこれであがろう」

きっと、客観的にみれば、さんざんなゴルフだったのだろうが、私はさわやかな気分だった。体力的に無理かなと思って後半をやめたが、気分は最高だった。それに、HANAの扱いも次第にわかってき、先行きは明るかった。むしろ、HANAと一緒に、素人の私を伴って連れてきてくれた夫の勇気に感謝の一日だった。

こんなに、素直になれる自分を発見したのもこの日だった。

おしっこをすると芝が枯れるので
グリーン上には通常ワンコは入れません

再びコースに出る

コースデビューの後、打ちっぱなしで練習を重ねた。そして、再び、コースに出ることになった。夏が近づくにつれて、暑くなっていった。3回目の挑戦だった。2回目もハーフで取りやめた。3回目の今日はいよいよ、全コース挑戦である。

「今日は全コース回れるよ」HANAの扱いにも徐々に慣れ、私も少し余裕が出ていた。最初の何がなんだかわからない状態から、少し脱出しかけていた。

「そうか、じゃ、今日はこの後もがんばろう」

食事の間、HANAは車の中に待たせていた。最初のうちは、昼食の間、ガラス越しに見えるテラスにHANAを連れてきて、つないでいた。私たちの姿が見えるので、安心すると思ったのだが、実は逆効果でワンワン、吠え通しだった。これが、結構、私のストレスになった。今回は車の中に置いてみた。吠える声が聞こえないか、耳をそばだてていたのだが、それらしき声も聞こえない。

「おとなしく待ってるみたい。いない方がかえってあきらめがつくんかねえ」

「お前の車はな、HANA、自分の部屋と思ってるじゃろ。安心できるんじゃ。俺の車に乗せる時と全然、態度違うもん。俺の車に乗るときは助手席にしか乗せんから、緊張しとるみたいよ」

「私の車、全部HANA中心じゃもんね。それに、HANAのにおいがしみついてるんだわ。それが、安心なんかねえ」

食事を終えて、HANAを迎えに行くと、私たちの足音を聞きつけて、起きあがったのだろう、わずかに開けておいた、窓ガラスから、鼻を出している。近付くと、中でいつもの通り、しっぽくるくる、踊りまわるのである。


そして、午後の部スタートである。夏も近く、北部の山あいにあるゴルフ場といえども、暑くなってきた。走り回ると体温が上がるのであろう、長い舌ではあはあと息を吐くようになった。そして、コースに池があると、さっさと入っていくようになった。クールダウンしたいのだろう。

「池の水はきれいではないし、蛇でもいると困るので、入らない方がいいですよ」と注意は受けていたのだが、暑さにはかなわないのだろう。これで、カートに乗るのだから、大変。HANAの体が夫や私のパンツに当たり、こちらまで濡れてしまうのである。


そして、ここで、私は今までの幸運を思い知らされることになる。

旗のあるグリーンにさしかかるころに、後ろのグループが登場していることに気がついた。

不思議なものである。

「ねえ、後ろ来てるよ」

「気にしなくていい」と夫は言う。ところが私は1回目も、2回目も午前の最終で回っていたうえ、ハーフでやめていたものだから、後続グループがいなかったという幸運に恵まれていた。後ろから追われるプレッシャーもなく、夫のコーチを受け、レッスンしてもらいながら回っていた。

ところが、後ろに人の姿があるというだけで、早く回らなくちゃという焦りが生まれてきた。そうすると、ゆったりと構えていたフォームはバランスをくずし、フォームの乱れはますますひどくなる。

「気にするな」夫は怒鳴るように言う。

「わかった。でも、とろとろしとったら、迷惑かけるんじゃないん？」

「俺が判断して、先にいってもらった方がよければ、行ってもらう。お前は一切気にするな」こんなところで口喧嘩してても始まらない。ゴルフ歴四十余年の夫を信じてさえいればいいのだが、私の気持ちは微妙に揺れ動く。

それでも、なんとか、後ろのグループに追い越されずに全コース完了した。

これまでも、スコア表をもらっているから、つけていたのだが、4～5ホールまではつけているのだが、その内、打つことに夢中になると、自分のスコアが何点か、本当にわからなくなる。

「私、今何点だった？」カートに乗り、夫に尋ねる。

「俺がパーだから、5点。お前は……とオンまで7打だから。全部で、11点」

カートに揺られながら、スコア表に記入する。ドライバーの初打で打ちそこないのボールは点にカウントしたり、しなかったり。いい加減な記入である。自分でも、本当のところはわからない。

「お母さん、自分の身長分くらいのスコアだと思うよ」私より、遅れてゴルフ始めたばかりの娘が言うことが案外あたっているのかもしれない。

このころになると、私はゴルフの面白さに本当にめざめていた。仕事のこと、悩んでいること、何にも考えずに無心にクラブを振ることが面白かった。そして、ドライバーがうまくあたり、「カッキーン」という音をたてて飛んで行く時は、自分の抱えているストレスさえも持っていってくれるように思った。心を無にし、身体を動かし、汗をかく気持ちよさだった。時にコースに出れば、緑豊かな環境なのが無性にうれしかった。

そんな頃、私の周りの人たちから、それぞれに人間関係でストレス抱えて、胃痛を起こしたり、円形脱毛症になったりしたという話をよく聞いていた。

私は子供たちにそれまでにも、よく「休みの日にはごろごろしないで、体動かして、疲れをとりなさい」とアドバイスしてきていた。そんな折も折、娘が職場の人間関係で悩み、胃痛から、ものが食べられない状態であることを知った。

「ゴルフ始めてみない？　楽しいから。それに、岡山に帰ってくれば、ＨＡＮＡと一緒にゴルフできるよ」

この誘いに娘は乗ってくれた。学生時代、スポーツを頑張っていた彼女は夫の指導を2〜3回受けただけで、さっさとコースに出て行った。夏の終わり、一緒にコースに出た。半年間、四苦八苦しながら、やっと、コースが回れだした私と違っていた。

「男並みだぜ」と夫をうならせたドライバーの飛距離。

「たいしたもんだね」と素直に喜ぶ私に娘は言ってくれた。

「お母さんも、たいしたもんよ。六十の手習いで、がんばってるんだから」

娘に褒めてもらった。夫もいくら、指導しても手の上がらない私より、飲み込みの早い娘の指導の方がはるかにやりがいがあるだろう。それでも、投げずに、コーチしてくれるのだから、感謝という言葉しかないだろう。こうして、私は身の回りの人たちを巻き込みながら、ゴルフを続けている。

お尻から噴水？

行きつけのドッグカフェで、ドッグ専用の海水浴場がまもなくオープンすることを知った。瀬戸内海の海水浴場の一角にドッグ専用のビーチ※(7)があるらしい。7月、夏休みが始まる頃、オープンしたことがテレビでもとりあげられていた。

「どのワンちゃんも、セフティジャケット着けてるよ」

「HANAは泳ぎが得意じゃけん、あんなもの着けるの嫌がるよ」

ありゃりゃ、夫はいつもこうである。素直にはなかなかうんと言わない。

「あれ着けなくては入れませんって言われたらどうするん」

週末、早速行ってみることにした。海一帯はある企業の所有地になっており、入り口より、山の裾野を車で進むこと4〜5分。人間専用のビーチにたどり着く。ここで、ドッグビーチですと申し込むと、ワンコ一頭1000円、付き添いの大人一人500円の入場料を払う。入場料を払うとそのまま、「右手にお進みください」と言われ、さらに車で2〜3分走る。そこで、車を降りるとすぐビーチである。入り口にテントが張ってあり、説明を受ける。今年オープン2年目で、去年はジャケット着用が義務だったが、今年は自由であるらしい。借りることもできるし、なくてもいいとのことでほっとした。HANAは車から降りると、喜んでリードを引っ張る、引っ張る。入り口を入ると後はノーリードOKである。ボールを海に向かって投げるとばしゃーんと波しぶきをあげて泳いでいく。ぱくっとくわえると、Uターンして帰ってくる。何度同じことを繰り返しただろう。見回せば同じことやってるワンコがそこここに。

ほっておけば、HANAはぶっ倒れるまで泳ぐ勢いだ。

「HANA、少し、休もうよ」リードをつけて無理やり、テントの下で休憩タイムをとった。犬かきといわれるのだから、どの犬も泳ぎが得意だろうと思っていたのは大きな誤りであった。泳ぎが得意というか、好きなのは断然ラブラドールとゴールデンのレトリバー系なのだろう。レトリバー系は一様に泳いでいる。小型犬は泳ぎが嫌いなワンコが多いような感じだ。

初めて海に連れてこられて、尻込みしているワンコが結構いる。フレンチブルドッグくんもそのなかの一匹だった。海に入ろうとしない。

「せっかく、来たのだから、入ろうよ」

若いご夫婦は嫌がるワンコを抱えて、海に入る。そして、海で離す。ジャケットを着ているから、沈みはしない。くるくると水すましのように回っている。そして、波に乗せられ、足のつけるところまできたワンコは急いで砂浜を走り逃げていく。それ

でも、何度か繰り返すうちに上手に泳げるようになってきた。帰り際に「上手に泳げるようになったね」と声をかけると、

「嫌らしいんです。あれ以降、水に向かって歩かないし、震えるんですよ」

あのあと、特訓を終えて砂浜に上がったあとは、決して海に入ろうとしなかったそうだ。波打ち際から一番離れたところを海に平行に歩く以外は嫌がって歩こうとしないらしい。ブルくんにしてみれば、決して楽しいものではなかったようだ。


波の穏やかな瀬戸内海である。海の色も空の色もほんわりとした瀬戸内の海である。太平洋の深いブルーでもなければ、日本海の荒々しい濃いブルーでもない。このほんわりさが若いころは嫌でたまらなかった。まるで、眠ってるような穏やかさが気に入らなかったのだ。こうして、海にくることも何年ぶりであろう。砂浜に座って沖のかなたをみていると、魚があちこちでぽーんと跳ねあがっている。ほんわりとしたブルーの空を背景にきらめく銀輪の姿が舞い上がる。「魚が跳ねてるよ」私は子供のようにはしゃいだ声をあげた。

2時間近くもいただろうか、

「もういいだろう、そろそろ、帰ろうか」

備え付けのシャワーでHANAを洗ってやる。塩気を含んだ海水を洗い落とし、タ

オルでふいてやる。もときた道を帰ってるときだった。いつもはお利口に後部座席に座っているか、横になってるＨＡＮＡがくるくる回りだし、助手席の私の足元になだれこんできたのだ。

「お父さん、おかしいよ。ちょっと、車止めて」

「どうしたんだ」

「何かわからんけど、おかしいよ。ＨＡＮＡおかしい」

夫は急いで左により、車を止めた。私は急いでドアを開け、ＨＡＮＡと転がるように車をおりた。ＨＡＮＡは、暑い炎天下をひたすら歩く。そのときだ。何だ？ お尻から、噴水のように水を出している。おしっこでもなし、下痢Ｐでもない。ただ、ただ、水が噴水のようにふきだしているのだ。

あたりは一軒も家はない、たんぼと畑のみ。舗装された農道に水のあとが残っているだけ。何分たったのだろう、やっと、落ち着いた様子になった。

また、車に乗り家路を急いだ。幸いなことにその後、なんの変化もなかった。

後日、ワンコ仲間に聞くと、海水をたくさん飲むとこういう症状が時々現れるらしい。それにしても、ＨＡＮＡは自分の異変を感じ取り、私に急を知らせたのだ。

※(7)出崎海水浴場　ドッグ専用ビーチ（岡山県玉野市沼）

ボールを追いかけて波打ち際をダッシュ

パパの会社へ出勤だ

秋も深まり、ご近所でも澄み渡った青空に剪定はさみの音が聞こえ、植木屋さんが剪定する季節となった。我が家にも職人さんがやってきた。木戸から、地下足袋をはき、腰にはさみをさしたお兄さんが入ってきた。ＨＡＮＡにとっては、リビングも庭もマイルームである。そこへ、なんの断りもなしに入ってきたものだから、さあ大変。

「ウーワワワーン」と低く獰猛なうなり声をあげた。

「ＨＡＮＡ、こんな吠え方もできるんだ」

「立派な番犬になれるんだ」

と妙なことで私たちは感心した。ＨＡＮＡはとにかく人間大好きなワンコである。散歩に出ても、「かわいいね」と自分に声をかけてくださる人がいると、もう、うれしくてたまらない。しっぽふりふり、体くねくねさせて寄っていくのである。夫が、

「ＨＡＮＡは誰でもいいんだ。誰にでも寄っていくわ。特におねえちゃん大好きで、スカートのなかにまで入っていくよ」

ということがよくあった。

「嫌だわ、ＨＡＮＡもあなたも品のないこと」と私はとりあわなかった。ところがそ

の後、HANAの散歩についてくと、夫の言葉を裏づける場面に遭遇し、あながち、言ってることがおおげさではないこともわかってきていた。「これじゃ、番犬になれないね」と言ってた矢先である。

職人さんは、

「大丈夫ですかね」と固まっている。

「大丈夫、大丈夫。すぐにつなぐから」

HANAのリードを柱にくくりつけた。いつもは自由に動きまわれる空間なのに、鎖でつながれた。

夫がリビングから、HANAの大好きな乾パンをもってきた。

職人さん、恐る恐る手から乾パンを食べさせた。さっきまでのあの「ウーワワワーン」はどこへ行ったんだろう。しっぽを振っている。これじゃ、やっぱり、番犬は無理のよう。

それでも、いつも、つないでない状態だし、途中で啼かれたら、ご近所にも迷惑かけるし、ということで、急遽、会社へ一緒に連れて行くことになった。

ペット屋さんから、夫に抱かれてやってきた場所である。あれから、1年半がたっている。

「うわあ、おおきゅうなって」

生後、１カ月半のＨＡＮＡを見てから、初めて会う会社の人たちは、ＨＡＮＡの大きさに多少、尻込みしながら、やってきて頭をなでてくれる。

いつもの我が家の雰囲気でもないし、遊びに連れて行ってもらってる時の楽しい気分にもならないのだろう。私のデスクの傍につないだら、おとなしく伏せの姿勢になった。

電話が鳴る、宅急便のおにいさんがやってくる、郵便屋さんが書留を持ってくる、お客さんが来る、ＨＡＮＡにしてみれば、寝ていれば誰かがきたり、何かの音がしたりで、その度に目を覚まされる状況なのだろう、しばらくすると、お尻から背中にかけて、白いふけがふわっと、浮き上がってきた。かなりストレスを感じているようだ。

お昼の時間になった。会社の近くにドッグカフェ[※8]ができているので、連れていった。ゴールデンも来ているし、パグも来ている。店内は太い丸太と板で仕切られている。ブースごとにテーブルといすが置かれている。腰から下は板張りだ。要するに、人間同士はお隣のブースの人とおしゃべりもできるが、下にいるワンコ同士は視界に入らないので、うるさく吠えたりしないというわけである。これはなかなか、いいアイデアだ。

ワンコのえさ250円のメニューもある。私たちはランチをオーダー。HANAにもワンコ用にオーダー。ランチはボリューム満点で私には食べきれないくらいの量。ところが、ワンコのメニューは小型犬向けであろう、HANAにすれば2口で終わってしまった。私の食べきれない分もHANAのお腹に入って、私たちは満腹になって、会社に帰った。

午後もおとなしく待っててくれた。3時の休憩タイムに少しのお散歩をしただけで、運動も特別しなかったのに、夕方我が家に帰ってから、死んだように眠りこけていた。

「ふけも久しぶりに出たし、精神的に疲れちゃったんだね」

「HANA、お仕事するの、大変なんだよ。わかってくれるか。ストレスもたまるじゃろ」

起きてきたHANAに夫がお酒呑みながら、話しかけている。

ひと眠りしたHANAはもう、いつものやんちゃなHANAに戻っていたが……。

※(8)ネイバーズドッグ（岡山市辰巳）…内装はその後多少変わっています。

60代で友達ができた

「今度、バーベーキューやる予定なので、ご一緒されませんか」

ひげさんより、連絡があった。

「もちろん、わんちゃん一緒です。きっと、大型犬ばかりの集まりになると思います」

「うれしいわ。喜んで参加させてもらいます」

モモ母さんからも電話がきた。

「河原でやる予定だったけど、変更でーす。自宅の裏庭がドッグランになってるブランさんのところでやります」

「何、準備したらいいんでしょう」

「食料はお肉と野菜、自分たちで食べるものは自分たちで食べる量だけ用意してください。各自、持ち寄ったものを、みんなで分けて食べましょう。おにぎりもあった方がいいと思います。もし、テントとかテーブルあったら、持ってきてください」

「雨だったら、どうします？」

「小雨決行です。中止する場合は連絡しますから、連絡なかったら、行ってください」

当日の朝、昨夜から降っていた雨は何とか上がり、曇り空。中止の連絡ないので出発。ファックスでもらった地図を頼りに到着。素敵な自宅の前庭にはレンガで本格的なバーベキュー用の炉が作ってあり、大きな網が置かれ、すでに炭があかあかと燃えている。テントは昨日から張られていたようだが、昨夜の雨でテントの中央部に雨がたまっている。それを、ざーとこぼして、もう一度張りなおしてるうちに全員集合。ゴールデン2頭ラブラドール4頭、ピレネー2頭に大人10人小学生1人である。

ワンコたちはノーリードである。焼肉からじゅうじゅうと流れるにおいにつられて、人間たちの間をうろうろしている。誰かが、ボールもって裏庭で遊ぼうって声かければ、8頭がどーっと裏庭に回り、ボールを中心に走り回るのである。「雨でも遊ぼう会」はすでに「どろんこ大会」の様相も呈していた。

ワンコの世界でももてるもてないがある。黒ラブのアルたんがいつももててもてなのである。ゴールデンのラリーくんもレオちゃんもアルたん大好き。HANAもアルたん大好き。においをかぎ、追っかけまわすのである。去勢したHANAはもう、オッカケは卒業したはずなのだが、唯一、例外がアルたんなのだ。アルたんはれっきとしたオス犬なのだが、オスメス関係なしにもてるのである。でも、アルたんはしつこくせまられるの嫌なのだ。ブランさんちのピレネーのジョリーくんはそんなアルたんをほっておけないと、アルたんに近づくワンコを口にくわえ、ふり回したことがあるそう。

「今日、外に出したら、きっと修羅場になると思うから、ジョリーだけはお部屋にいれておきます」とブランママさん。

代わりにブランさんちの生後5カ月のピレネーのノワールちゃんが参加している。モモちゃんちの生後5カ月の黒ラブのひなちゃんとおない年同士でじゃれあっている。そのうち、ノワールちゃんはひなちゃんの遊びにもう付き合えないと、テラスの隅っこに避難した。それでも、やんちゃなひなちゃんは「遊ぼう、遊ぼう」と積極的にアタック。ひなちゃんは、「ノワールちゃん、もっと遊ぼう」とノワールちゃんを前に右に左に体と前足を前後に振ってモーションをかける。あまりのアタックぶりにノワールちゃん、大きな体をテラスの隅に隅にあとずさり。その様子があまりにおかしくて全員大笑い。

後日、ブランママは自宅でペットの預かり※(9)をしていると伺った。動物好きのやさしいママさんだから、預ける飼い主さんも安心だろうな。

「60歳になって、共通の友達ができたね」

思いもしなかった新しい世界である。後でわかったことだけれど、みなさん全員、ホームページ持ったネット仲間であるらしい。道理で年齢は皆さん40代らしい。私たちより一回りは若い雰囲気の仲間だ。

後日、お仲間のアノさん（アルたんのママ）と河原で会った。

「私たち、年齢がみなさんよりかなり上で、年とってる気がするんですけど、浮いてませんか？」

「全然、気になりませんし、しなくて大丈夫。私たちも○○ちゃんのパパだのママだのって呼び合っているでしょ。年齢も、苗字も知らない人多いですよ。わかるのはワンコの名前とメルアドと携帯電話の番号くらいですよ。全然気になさらずにまた、遊びましょう」と声をかけてくださるのである。

※(9)ＤＯＧぺんしょんブラン（岡山市灘崎町）

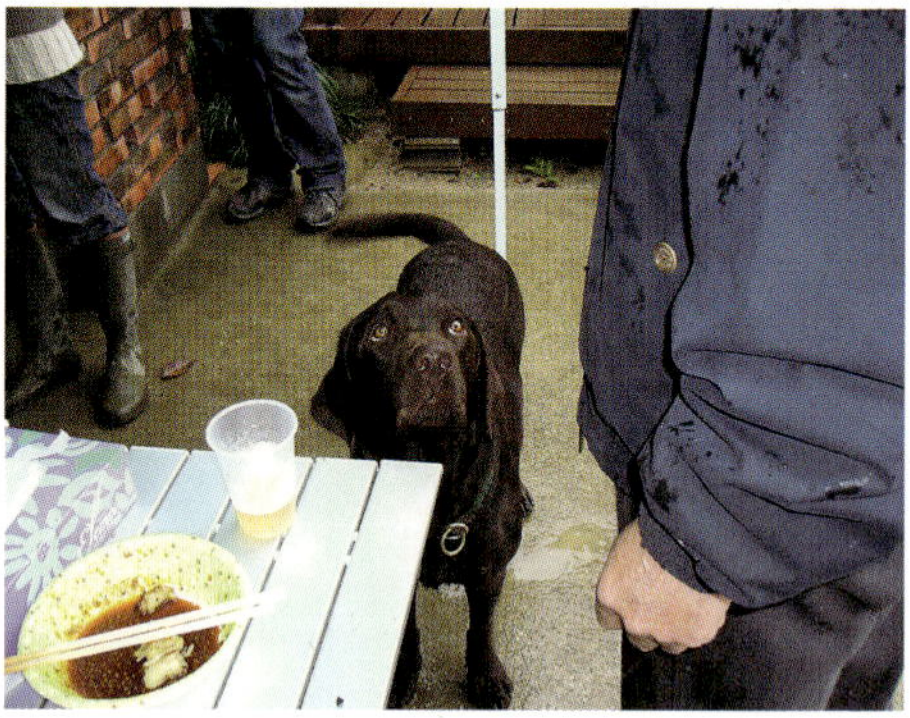

HANA3歳のお誕生日

最近、夕食の後、夫婦2人とHANAでデザートを楽しむようになっていた。娘がいる時は必ず、食後に果物をいただいていたのだが、夫と2人の生活になってからはいつのまにか消滅していた。夫は食事の後も、休むまで、ウイスキーや焼酎の水割りの生活だ。

あえて果物を希望しないし、私ひとりだけいただくにしては、切ったりすることさえ面倒になっていた。そうした生活になれて、果物をいただくこともめったにないようになっていた。そんなある日、HANAがりんごが大好物だということに気がついた。ちょうど、りんごのおいしい時期でもあった。根がけちな私はこのおいしいりんごをHANAだけに上げるのももったいないと、りんごの皮を厚めに切り、中身は私たちがいただこうと提案した。りんごを切り、厚めの皮と一緒にお皿にのせてくる。ソファーを背に胡坐を組み、こたつ用の低いテーブルを前に水割りをいただく夫の前にりんごのお皿を持ってくる。HANAは夫の傍らに座り、右手の肘の付近に顔を出す。目の前にりんごがある。夫がフォークにさしたりんごをとり、口に運んでいく。HANAは夫の肘の上からもう鼻がりんごにくっつくくらいに乗り出し、りんごと一緒にいったりきたりする。でも、決して自分でとろうとはしない。ただし、もうこの時点でよだれはたらーりたらーり……。

後日、この光景にでくわした娘は「HANA近づきすぎ、近づきすぎ」と叫び、お腹を抱えて笑っていた。

りんごと並行して、葡萄もよくいただいた。りんごが好きで始めたデザートの時間だが、実はHANAは何でも大好きなのである。りんごの旬を過ぎる頃、ヨーグルトもやってみた。無糖のすっぱいヨーグルトもOKである。

そうしているうちに、HANAは自分のお皿ももってくるようになった。私がキッチンでデザートの用意を始める。「HANA……お皿」といえば、テラスにおいてあるプラスチックのお皿を取りにいく。お皿がないともらえないことがわかっているHANAは、急ぎ足で、閉めてあるガラス戸を器用に鼻で開けると、テラスにおいてあるお皿をくわえて大急ぎでもどってくる。食べたい気持ちが先行しているので、お皿が定位置にない時はうろうろ、いらいらと動き回っている。そして、くわえたお皿は放り出すように、投げ出す。プラスチックのお皿はがちゃーんと大きな音をたてて床に転がる。

「おいおい、放り出すんか」夫はいつも笑う。

そのうちに、果物の用意を始めると、「お皿」と指示を出す前に、自分で気がついて先にとりにいくこともままあるようになっていった。この一手先を読むことがワンコにできることが、私には本当に不思議である。ボールを投げるときにもよく感じることだが。

こうして、わたしたちの生活にスイーツや果物を楽しむ時間が復活したのである。

1月23日。そう、今日はＨＡＮＡの３歳の誕生日である。今まで、ワンコの誕生日を祝ったことはない。ところが、ネット友達のブログを拝見すると、皆さん、お祝いの食事を作ってやったり、友達同士でプレゼントを贈り合っているらしい。

私は勤務時間中にこれらのことが脳裏をかすめだした。ＨＡＮＡの喜ぶ食事を作ってあげようかな、とすると、お肉いっぱいが一番喜ぶと思うが、ここは記念写真撮りたいし……ケーキ作って写真撮れば、これは絵になると……今日のデザートはバースデーケーキにしよう。私は決めた。そう、じゃがいもで塩分をいれないマッシュポテトを作って、ケーキの形にしよう。それに、イチゴを飾り、ろうそく立てよう。ところが、仕事の段取りが狂い、会社をあとにしたのは6時半を過ぎていた。これから、買い物して、夕食を作り、その上にマッシュポテトを作るのはちょっと、大変かな。ケーキ用のろうそくを探してるときに、小さなホットケーキの冷凍が目に付いた。今日のことは年に一度のことだから、甘い味のついたホットケーキで許してもらおう。ついでに、年に一度のことだから、生クリームも許してもらおう。手作りするはずのマッシュポテトのケーキは冷凍のホットケーキと絞りだすだけになってる生クリームを周りに塗って出来上がり。夕食の後、いつものデザートタイム。運ばれてきたケーキを前にHANAを座らせて記念写真。さて、その後、「お誕生日おめでとう」と言っても、当のご本人に通じるわけもないのだが、ケーキを食べたい気持ちだけはよく伝わってくる。そして、ケーキを食べた。HANAはきっと、こう言いたかったことだけはわかった。「これは何？　こんなおいしいもの食べたの初めて。んん？　生クリームっていうの、こんなおいっしいもの初めて」―そう言ったにちがいない、何しろ舌なめずりするような品のない行動は、今までみたことがなかったのだ。何度も何度も舌なめずりしていた3歳の誕生日のHANAであった。

そして、この記念すべき光景を仕事で疲れ果て酔いつぶれ寝入ってしまった夫は翌日写真でのみ見たのである。

こんなに好きな生クリームだけど、HANAの体に悪いのはわかってる。年に一度、来年のお誕生日まで封印しておこう。

HANAとママでダイエットに挑戦

3歳を過ぎ、少し大人になったのかしらん。以前と比べて、いたずらの頻度が減ってきたように思える。久しぶりにドッグカフェ防風林へお邪魔した。夫は鬼の霍乱とでもいうのか、久しぶりに熱を出してダウンしていた日曜日である。お出かけ好きのHANAを思って「『防風林』でもいってきたら」と言ってくれたものだから、車を走らせた。

看板犬ゴールデンレトリバーのガルボくんにも会える。HANAは車を降りるとさっさとお店に入る。12歳のガルボくんは、テーブルの下でどっかりと横になっていたが、HANAがひょいひょいとはいってきたものだから、ゆっくりと起き上がり、「おう、若いのきたか」とでも言うように、のっそりと出てきてHANAとお互いに顔を合わせている。2匹はお互いの鼻と鼻をくっつけ、お尻をかいでごあいさつしている。ママと久しぶりにおしゃべりしていると、ひょっこり、顔なじみのひげさんがゴールデンのオルティナとミックスのグラスキーを連れてやってきた。

「ひさしぶりですね。おや、HANAちゃんずいぶん大きくなったね。太ったのかな？

胸周りが大きいのが気になりますね。胸周りの大きいワンコは胸が深いといって、胃捻転なんか起こしやすいですから、気をつけた方がいいですよ」

私も胃捻転のことは本で読んでいた。大型犬の場合、食べてすぐ走らせたりすると起こしやすいと聞いていた。それは大変。

帰ってすぐに夫に報告。それまでにも、人によっては「ちょっと太り気味かな」と言われたこともあった。太らせないように食事を制限している仲間のワンコのことも聞いていた。しかし、夫は、

「犬は精一杯、生きて10年ほどだ。好きなもの食べさせてやった方がいい」ととりあわなかった。

「でもさ、反対に10年の寿命だったら、やせ気味にして成人病防いで病気にならない身体にした方がいいんじゃないの」

「これは太っているんじゃない。筋肉だ。走らせてるから、はと胸なんだ」と主張していた。獣医さんもどちらかというと、

「この犬だと30キロ切らない方がいいでしょう、余りやせさせるのもねえ」といってくださっているという。その時、HANA34キログラム。太っているといいきれないが、太り気味には違いなかった。しかし、胃捻転のことが気になったようで、

「HANA少しやせようか30キロになろうか」とHANAにつぶやいている。

ラブは何でもよく食べ、太りやすいとは聞いていた。それで、ドッグフードの量を控え、キャベツやおからを加えてカロリーダウンはしてきたつもりだが、やはり、このところ太ってきていたようだ。

朝の食事は私の担当、夕方の食事は私より一足早く帰る夫の担当。朝はキャベツをレンジにかけ、おからを加えてドッグフードに加えた。私は同じものを同じ分量でやっている。夫も基本的に同じようなことをしているらしいが、キャベツがじゃがいもになったり、にんじんになったり、毛並みをよくしたいからと卵が入ったり、時には牛肉、鶏肉も入って、バリエーション豊かな食事にしてるらしい。その上、夕食までの間、お酒を飲むため、つまみをちょこちょこ与えているらしい。

「ねえ、別にやるのはかまわないけど、ちゃんとカロリー計算やってみようよ」

ネットで、ワンコの基本カロリーを調べてみた。HANAの場合、1000～1400キロカロリーと出た。ドッグフード1カップが大体300キロカロリーだ。そうすると、1日2回なら、1回2カップが標準と出た。ドッグフードカップ1杯。キャベツ3枚とおから1／2袋で90キロカロリー。それに、豚ミミ2本で80キロカロリー。合計500キロカロリー。これを1回の基本的な分量とした。

私もここのところ、体重は増えていた。若いころより、確実に4～5キロは増えている。
このカロリー計算からすれば、私の摂取カロリーは1800キロカロリーである。
この意外な数字に驚いた。2300キロカロリーくらいは必要と勝手に思っていた。基礎代謝も落ちていることもわかった。これじゃ、かなりのカロリーオーバーになってる。太るはずだ。私もHANAと一緒にダイエットしよう。

まず、私は朝食500キロカロリー、昼食400キロカロリー、夕食900キロカロリーの目安にした。夫といっしょにとる朝食、夕食は夫を巻き込むとブーイングがでるだろうから、メニューは極力変化のないようにした。油ものと炭水化物を極力減らすことで、難なくクリアできそうだ。ところが、昼食が問題だった。一食400キロカロリーを超えない内容は今まで市販のお弁当や、外食を中心にしていた私にとっては至難の業だった。それまでの量の半分くらいになる。そこで、コンビニに注目した。大体の食品にカロリーが記載されている。これが、よかった。400キロカロリー内に収まるように、丹念に計算しながら、決定した。おにぎり1個とサラダまたは、小さなサンドイッチとヨーグルトの組み合わせが大体の目安になった。

次なる戦術は散歩だった。

「HANA、おかあさんと一緒に散歩しよう」

それまで、朝・夕の散歩は夫の担当だった。その上に、私との夜の散歩が加わった。朝・夕の散歩はボール遊びが主体だった。夜の散歩はひたすら歩くことにした。真っ暗な河原もHANAと一緒だとこわいものなしだ。

そうして、夜、歩いてみると、意外に散歩している人や、ジョギングしている人が多くいることに驚いた。照明のない河原だから、すれ違っても誰なのかまったくわからなかった。これがよかった。ノーメイクでも、どんな格好でも気にならなかった。それに、紫外線を気にする必要のないことが一番ありがたかった。

市街地のビルの明かりを遠景とし、月や星の明かりを楽しみながら、河原から吹いてくる風を感じる散歩は、昼間とはまた違った開放感があった。


そして、ほぼ、半年、HANA4キロ減の30キロ、私も4キロ減となった。さて、今度はどちらが、先にリバウンドするだろうか……。

ススキの穂が白い波のような秋の河原

大人になったHANA

現在、HANA3歳半である。犬年齢でいうと30歳くらいであろうか。これまでは、目がさめている限り、動きまわり、いたずらばかりを繰り返していた。ボールやタオルをくわえては遊んで欲しがった。少々の運動量では満足せず、相手をする私たちの方が根負けしていた。疲れきると、ことんと眠る。20～30分も寝れば、むくっとまた起き上がる。自分のペースで私たちを振り回すパワーをもっていた。

ところが、最近は私たちの生活のペースとHANAのリズムが少しずつではあるが、うまくかみあってきている。お互いにリズムがわかってきたのと同時に、コミュニケーションができるようになってきた感がある。

HANAに言葉かけをしてやる。

「行こうか、散歩。散歩行く？」

行くという言葉に対してHANAはお出かけすることと理解しているようだ。横になって寝ていても、飛んで起きて見上げる。「行くの？」と確認すると、実に軽やかなステップでテラスにでていく。お出かけ用のバッグと首輪とリードを置いてある棚を見上げてくるくると回りだす。そして、私たちがぐずぐずしていると、「早く早く」と催促して啼く。

言葉かけしてやる。HANAは目と体全体を使って答えてくれる。私たちの言葉に対しHANAはものも言わない。しかし、見上げる目の表情と全身を使って私たちにさまざまなことを伝えてくれる。自分から、要求するときは啼き声だ。このコミュニケーションがHANAと私たちの絆をより深めてくれてるようだ。


目の表情で思い出すのはハスキー犬リキのことだ。副腎皮質の病に冒され、腐っていく足を切断もした。小康状態をたもったものの、病の勢いは衰えなかった。お腹は膨れ上がり、何より、動くことさえままならなくなっていた。牛乳はわずかに飲むものの、もうなにも食べる気力もなくなっていった。テーブルの下にごろんと横たわっていた。それでも、うんちとおしっこの時は不自由な足でよたよたと庭にでていって、用を足した。あまりに切なくて、

「リキ、もうここでうんちもおしっこもしていいよ」

そう言う私をリキは実に哀しげな目でじっと見た。うんちは最後まで私の見ている前では決してしなかった。そんな状態が何日続いただろうか。もうどうにもならなくなって、夫と私は話し合った末に安楽死の決断をした。病院に連れて行き、ベッドに

横たえられたリキは私たちを穏やかな目でじっと見た。そして、自然に瞼を閉じた。安らかな最期だった。テーブルの下のあの哀しげな目が実に、穏やかな目に変わっていた。もの言うことはできないけれど、目で私たちに気持ちを表現していたと確かにわかった瞬間だった。

今、HANAはオリーブ色の澄んだ目で私たちにさまざまなことを訴えかける。そして、全身で喜びを表現してくれる。お互いのコミュニケーションが毎日の積み重ねの中で、少しずつ、少しずつ、しかし、確実に積み重なっていく。

「HANAは自分のこと、犬とは思ってないよ。自分は俺らと同じ人間と思っているよ」

最近の夫の口癖である。

春の河辺　満開の桜の下で

エピローグ

ＨＡＮＡが我が家にやってきて３年半が経とうとしている。犬を飼うという意識が根底から覆された３年半といえるかもしれない。飼っているのではなく、犬と暮らしていることを再確認する日々でもある。

たった１匹のワンコがこんなにも多くの喜びと生きるはりあいをもたらし、夫婦の絆さえ強くしてくれるなんて想像さえしていなかった。

今朝も「おはよう」と起きていくと、ＨＡＮＡの目は生き生き輝き、しっぽをくるくる回しながら、「僕はとっくの昔に起きてますよ」と言いたげに体を寄せてくる。ＨＡＮＡがいつものように、元気でやんちゃな様子であることをまず確認して我が家の生活は始まる。ＨＡＮＡが待っているから、仕事が終われば私たちは一目散に帰ってくる。

夫婦の関係も変わってきた。これまで、決して仲の悪い夫婦ではなかったと思うが、仲の良すぎる関係でもなかった。お互いそれぞれ、自分の興味の赴くままに、違う方向を向いて生きてきた。それでいいと思っていた。

しかし、HANAが登場し、一緒に行動することが多くなり、思いが共通の対象になった時、「この人、こんなこと考えていたんだ」と改めて感じることも多くなった。人生の黄昏を迎え始めた頃に私たちの元に来て、生活のパートナーとなったHANA。60代を迎えこれから始まる老いをどう迎えていくのかが私たち夫婦のこれからの課題だ。これからは、HANAが老いていくのと、私たちが老いていくのと同じ歩みとなるであろう。HANAの老いは私たちの老いとお互い鏡面を見るような関係になるのだろう。

ワンコの三つの幸せという条項を目にしたことがある。一、飼い主に声をかけてもらえる幸せ、一、飼い主と一緒にいられる幸せ、一、飼い主に看取られて安らかに最期のときを迎える幸せと書かれていた。

最期の時がくるまで、できるだけ、HANAと一緒にいたいと願い、一緒に遊びたいと願っている。夫婦一緒に。

夫とHANAに感謝しながら、私は後1カ月で60歳を迎える。改めて感謝。

平成19年　秋

ＨＡＮＡとの生活が楽しくて一気に書き上げました。

旧知の吉備人出版の山川氏に背中を押していただき、ご尽力いただいたおかげで１冊の本になりました。心よりお礼申し上げます。

また、表紙の撮影ではLabrador House Studioのひげさんこと吉松氏にご協力いただきました。ありがとうございます。そして、ＨＡＮＡと一緒に遊んでくださった多くのワンコと飼主さん、ＨＡＮＡの縁でお知り合いになった多くの皆様に楽しい時間を持たせていただいてありがとうと、そして、これからもよろしくと・・・

著者プロフィール

亀山幸子（かめやま・ゆきこ）
１９４７年岡山県生まれ。日本女子大学家政学部卒業。「主婦の友社」編集局、福武書店通信教育部で記者、編集の仕事に携わる。生活情報紙「リビングおかやま」のリポーターなどを経て、現在は夫と会社経営。岡山市在住。

ＨＡＮＡと暮らす

愛犬がくれた団塊夫婦のアクティブな毎日

2007年12月24日　発行

著者　亀山幸子
発行　吉備人出版
　　　〒700-0823　岡山市丸の内２丁目11-22
　　　電話086-235-3456 ファクス086-234-3210
　　　ホームページhttp：//www.kibito.co.jp
　　　Eメール　mail：books@kibito.co.jp
印刷　広和印刷株式会社
製本　有限会社明昭製本

ISBN978-4-86069-190-5　C0095